D1689671

*La main gauche
de la création*

La main gauche
de la création

J. Silk
J. D. Barrow

Traduit par
Nicolas Balbo

LONDREYS

© Basic books, Inc 1983.
© 1985, Édition française, Londreys, 11 bis rue du Colisée, 75008 Paris.
Reproduction interdite

PROLOGUE

Si le paradis représente l'état de symétrie ultime et parfaite, l'histoire du « big bang » ressemble à celle du « paradis perdu ». Depuis l'instant le plus court à l'origine des temps, quand toutes les lois de la physique étaient sur un pied d'égalité, tous les constituants élémentaires de la nature, des plus lourds aux plus légers, interagissaient librement et démocratiquement. Les particules les plus exotiques jamais connues ou même rêvées par l'homme furent libérées pour participer à ces échanges effrénés. L'univers était en ce temps-là si chaud qu'aucune d'entre elles n'atteignait une quelconque permanence. Toutes vivaient et mouraient dans le plus bref éclair de magnificence. Quand une disparaissait, une autre émergeait instantanément pour la remplacer. L'énergie était ainsi mêlée et partagée indistinctement.

Cette ère idyllique était néanmoins condamnée à une existence éphémère. Une fois que la température eut commencé sa chute inexorable, les symétries furent brisées, et le paradis fut irrémédiablement perdu. Les formes rigides et la

La main gauche de la création

diversité devinrent la règle : belle fraternité entre les particules était rompue. Le monde subatomique fut dominé par la décadence et il en résulta l'univers diversifié qui nous entoure aujourd'hui.

Un des phénomènes les plus extraordinaires à propos de notre univers est que, malgré son apparence de symétrie idéale, un examen plus approfondi révèle invariablement la présence de petites imperfections. L'univers est presque, mais pas tout à fait uniforme à très grande échelle ; les particules élémentaires sont presque, mais pas exactement équivalentes à leurs particules « miroirs » ; les protons sont presque, mais pas tout à fait stables. Le monde aurait-il été façonné à la manière des artisans anciens, qui s'abstenaient de créer des formes parfaitement symétriques pour ne pas offenser les dieux ? Non, nous constatons que ces petites infractions à la perfection sont les rouages d'un mécanisme subtil au cœur même de la nature et aussi une des raisons pour lesquelles notre propre existence est possible.

Le neutrino, particule élémentaire fantomatique, n'est pas seulement une relique mystérieuse de l'époque où les symétries étaient parfaites, mais il porte en outre la trace de la façon dont elles furent brisées. C'est une particule douée de *spin*, propriété comparable (de façon très imagée) à la rotation d'une toupie. Autrefois, peu après le « big bang », pour chaque neutrino tournant vers la gauche il y avait un neutrino tournant vers la droite. A présent, nous ne voyons plus autour de nous que des neutrinos gauches ; leurs partenaires droits n'ont pas survécu aux premières étapes qui devaient conduire à l'univers asymétrique qui nous entoure aujourd'hui. Il n'y a pas que les neutrinos qui ont perdu leur caractère ambidextre : le développement biologique sur Terre est aussi un exemple de rupture de symétrie. Les molécules d'A.D.N. sont toutes en forme d'hélices tournant vers la gauche ; dans les êtres vivants, on ne trouve que des acides aminés gauches, mais jamais de molécules identiques à leur image dans un miroir. Le grand roman des symétries brisées s'est prolongé du commencement des temps jusqu'à nos jours.

REMERCIEMENTS

Nous tenons à remercier les personnes suivantes qui ont bien voulu lire plusieurs chapitres de notre manuscrit et apporter de fructueuses suggestions quant à l'amélioration de notre texte : David Bailin, Roman Juszkiewicz, Alex Love, Stephen Siklos et Robert C. Smith. Nos remerciements vont aussi à Martin Kessler et Theresa Craig de Basic Books pour le soutien enthousiaste et efficace qu'ils nous ont apporté. Nous sommes également très reconnaissant à Jane Bamford, Julia Giham et Denise Haynes qui ont assuré le secrétariat. Pour finir, notre gratitude la plus chaleureuse revient à nos familles, en échange des longues heures où nous les avons délaissées pour nous consacrer à ce livre.

1
LE COSMOS

Une grande controverse naquit un jour parmi les philosophes, les théologiens et les hommes de science. Adam devait-il être représenté avec ou sans nombril? Avec, c'était supposer qu'il avait une mère naturelle, sans, c'était un homme inachevé. Le débat s'apaisa peu à peu quand on s'aperçut que créer un nombril n'était qu'une péripétie mineure face à la création d'Adam, vaste question au cœur même de la controverse.

L'origine de la Terre est enfouie dans ses souvenirs géologiques; selon ce que nous indiquent certains fossiles, son âge est estimé à plusieurs millions d'années. Lorsque de telles preuves de l'ancienneté de la Terre furent avancées au XIXe siècle, elles heurtèrent les croyances du grand nombre, qui pensait notre planète vieille de seulement quelques milliers d'années. Le zoologiste Philip Gosse tenta de résoudre le dilemme né de l'incompatibilité entre l'âge évolutionnaire et géologique d'une part et les préjugés théologiques d'autre part. Dans son livre *Omphalos,* il suggère que la

La main gauche de la création

Terre, y compris ses fossiles, ont été créés il y a quelques milliers d'années et n'ont seulement que *l'apparence* d'un âge plus élevé. Il n'est pas surprenant que même ses compatriotes victoriens ne montrèrent pas grand enthousiasme à embrasser l'idée d'un Créateur capable de réaliser un tel tour de passe-passe cosmique.

Une conception aussi extrémiste de l'âge du cosmos est défendue par l'école créationniste. Inspirés par l'évêque Ussher, ecclésiastique du XVIIe siècle, de nombreux chrétiens fondamentalistes d'aujourd'hui développent des raisonnements pseudo-scientifiques en faveur d'un âge de 6 000 ans pour l'univers.

Une question assez similaire à celle de l'âge de la Terre se pose en cosmologie moderne. Notre univers a-t-il commencé à partir d'un événement unique, le « big bang », ou n'est-il qu'un segment d'une série infinie de cycles ? Une voie d'approche possible pour répondre à cette question consiste à se mettre en quête des étoiles et galaxies les plus anciennes, les plus primitives, et de rechercher le lien ombilical : y avait-il quelque chose avant et, si oui, quoi ?

Une étoile ne disparaît pas sans laisser de traces ; comme le sourire du chat du Cheshire de Lewis Caroll, il subsiste toujours un signe révélateur de matière ou de rayonnement. Par un travail minutieux de détective astronomique, nous pouvons remonter la filière jusqu'aux reliquats des toutes premières étoiles.

L'âge du cosmos

Il est loin d'être évident que l'univers a une origine en un point défini du passé. Autour de nous, des étoiles naissent tandis que d'autres meurent. Dans les profondeurs obscures des nuages de gaz interstellaires, nous assistons au processus

Le cosmos

de création des étoiles. L'agonie d'une étoile massive culmine par l'explosion d'une supernova; pendant les quelques mois d'apogée qui précèdent l'explosion, une supernova émet autant de lumière qu'une étoile durant sa vie entière. A l'échelle humaine, la durée de vie d'une étoile est longue : il s'écoule plus d'un million d'années avant qu'une étoile n'épuise ses réserves d'énergie nucléaire et finisse par exploser. Cette durée, qui excède probablement ce que durera l'espèce humaine, n'est qu'un simple clin d'œil à l'échelle cosmique.

Cependant, les grands nuages d'hydrogène et de poussières, matières dont sont faites les étoiles, sont en quantité limitée dans notre galaxie. Quelle que soit la méthode de calcul employée, soit en considérant le temps nécessaire pour épuiser toute la matière interstellaire, soit en déduisant l'âge des plus vieilles étoiles qui nous entourent du rythme de consommation de leurs réserves de carburant nucléaire, on arrive inévitablement à la conclusion suivante : notre galaxie, la Voie lactée, n'existe que depuis une période de temps finie, estimée à quinze milliards d'années environ. Elle pourra vivre encore beaucoup plus longtemps, jusqu'à ce que la plupart de ses étoiles soient réduites à l'état de braises; cependant, il ne fait aucun doute que notre galaxie a été formée dans un passé fini et que les galaxies environnantes l'ont été à la même époque.

Les cosmologues, individus pleins de ressources, ne sont pas de nature à se laisser perturber par quelques vilains faits qui viennent détruire une belle hypothèse. Il était autrefois considéré comme respectable d'affirmer que l'univers était dans un état stationnaire et éternel. Ainsi, pour rendre compatible cette hypothèse avec l'expansion de l'univers observée, on postula que la matière était en perpétuelle création : de nouvelles galaxies se produisaient de façon continue pour remplacer celles qui disparaissaient. Les motivations philosophiques à l'origine de ces raisonnements provenaient en partie de l'antiquité; cependant, il était beaucoup plus facile aux philosophes hellénistiques de se convaincre que l'univers était immuable et éternel qu'aux cosmologues modernes de choisir l'hypothèse de l'état stationnaire, alors qu'ils étaient confrontés à un fait particulièrement extraordinaire. C'est d'une théorie mathématique d'une redoutable complexité qu'émergea, dans les années 1920, l'une des plus grandes prédictions de ce siècle : l'expansion de l'univers. Cette prédiction fut confirmée en l'espace d'une décennie. On constata que les galaxies s'éloignaient les unes par rapport aux autres; leur vitesse de récession impliquait que l'expansion avait commencé moins de vingt milliards d'années auparavant. Cette évidence de l'existence d'un commencement de l'univers sonna le glas du modèle d'univers stationnaire et éternel.

La grande récession

Dans les années 1920, il a fallu la convergence de deux efforts intensifs de recherche théorique et expérimentale pour que la théorie de l'expansion de l'univers soit confirmée. On ne peut imaginer des personnes plus dissemblables que les protagonistes concernés. Alexander Friedman, mathématicien et météorologue soviétique, était fasciné par l'hydrodynamique de la circulation de l'air. Insatisfait d'une compréhension purement théorique de l'atmosphère, il entreprit de s'y immerger avec une vigueur exceptionnelle : Friedman était un fanatique du ballon et, en 1925, il atteignit avec son copilote l'altitude record de 7 000 mètres. Maîtrisant rapidement les premières publications d'Einstein sur la gravitation et la cosmologie, Friedman découvrit un oubli majeur dans les calculs d'Einstein. En 1922, il trouva que, dans le modèle le plus simple, l'univers était soit en expansion, soit en contraction uniforme (Einstein ne se pardonnera

Le cosmos

jamais du préjugé qui le conduisit à conclure que l'univers devait nécessairement être statique). Mais Friedman mourut prématurément et la théorie de l'expansion de l'univers tomba rapidement dans l'oubli.

Un mathématicien et ecclésiastique belge, l'abbé Georges Lemaître redécouvrit la cosmologie de Friedman en 1927. Son travail avait été inspiré pas une conférence de Edwin Hubble sur le *décalage vers le rouge* des galaxies.

On peut comprendre plus facilement la nature du décalage vers le rouge en raisonnant par analogie avec un train qui passe. Lorsque vous stationnez près d'une voie ferrée, la hauteur du sifflement du train devient plus aiguë à mesure qu'il s'approche de vous, puis plus basse à mesure qu'il s'éloigne. Lorsque le train s'approche, les ondes sonores viennent vers vous avec la vitesse du son à laquelle s'ajoute une composante supplémentaire de vitesse fournie par le train, puis, lorsque le train est passé, leur vitesse (et donc leur fréquence) diminue, car il faut retrancher à la vitesse du son la composante de vitesse du train qui s'éloigne. On peut déduire la vitesse du train de la mesure de la variation de fréquence du sifflement, appelée décalage Doppler.

Le rougissement des galaxies

Les étoiles des galaxies éloignées émettent une lumière qui possède un certain spectre d'énergies ou de fréquences. Hubble mesura ces fréquences et, en les comparant avec celles de matériaux identiques au repos dans son laboratoire, il trouva que le spectre d'émission des étoiles était décalé dans l'échelle des fréquences vers l'extrémité rouge du spectre visible. Il interpréta ce décalage comme un effet Doppler et put ainsi en déduire la vitesse de récession des sources lumineuses : Hubble avait découvert l'expansion de l'univers. Ce déplacement du spectre d'émission des étoiles est maintenant connu sous le nom de décalage vers le rouge.

La théorie initiale d'Einstein de l'univers statique immuable dans le temps était l'image cosmologique en vigueur à laquelle Lemaître fut confronté. En 1917, l'astronome hollandais Willem de Sitter proposa un schéma légèrement différent. L'univers de W. de Sitter présentait une caractéristique assez curieuse : bien que statique, la lumière en provenance d'un de ses points éloignés devenait progressivement plus rouge ; par un artifice mathématique, cet effet était interprété comme le résultat des mouvements systématiques des points éloignés. Plus la distance était grande, plus le décalage vers le rouge était important. Malheureusement, l'univers de W. de Sitter était vide : il était totalement dépourvu de matière. Le monde d'Einstein était de matière sans mouvement, celui de W. de Sitter, de mouvement sans matière, mais celui de Friedman-Lemaître, de matière en mouvement. Des débats sans fin commencèrent sur le thème de l'interprétation du décalage vers le rouge dans l'un ou l'autre des modèles théoriques de l'univers : indicateurs d'une véritable récession ou simple signal d'une perte d'énergie des rayons lumineux au cours de leur long trajet à travers un univers statique jusqu'à nos télescopes ?

Confrontation

Pendant ce temps, Hubble mesurait un nombre croissant de décalages vers le rouge et établissait fermement une échelle de distance des galaxies. Hubble était un nouveau venu en astronomie (il avait renoncé à une carrière de boxeur professionnel et trouvé le temps de mener une carrière d'avocat), malgré cela, en moins d'une décennie, il a entièrement modifié notre vision de l'univers. La loi de Hubble, observation de la relation de proportionnalité entre la vitesse de récession des galaxies éloignées et leur distance, fut annoncée en 1929 (voir figure 1.1). Il a fallu à l'époque, la perspicacité d'un grand astronome comme Arthur Eddington pour relier les prédictions théoriques avec ces preuves expérimentales. Eddington, vigoureux et talentueux vulgarisateur de la cosmologie, remit rapidement à l'ordre du jour la théorie de l'expansion de l'univers de Friedman, théorie à moitié oubliée.

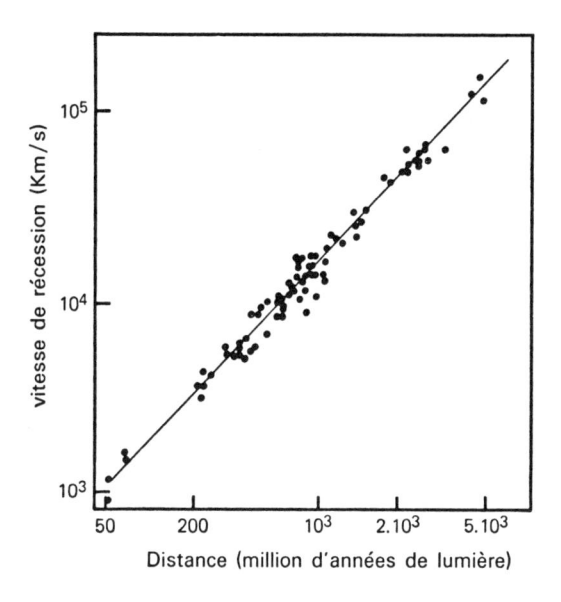

Figure 1.1. *Loi de Hubble.* Les données d'observation démontrent la variation linéaire de la vitesse de récession des galaxies avec la distance de l'observateur.

L'univers en expansion devint rapidement un paradigme mais continua à faire l'objet de critiques. L'une des questions les plus troublantes était l'âge apparent de l'univers; l'âge du système solaire se trouvait excéder l'âge de l'expansion de l'univers prédit par Hubble.

La main gauche de la création

Pour déterminer l'âge de la Terre, il est important de noter qu'il existe certaines horloges naturelles. Une des plus utilisée est le processus de déclin radioactif. Les « tops » de cette horloge sont les désintégrations spontanées d'éléments naturels; certains ont des temps de déclin si élevés qu'ils peuvent être utilisés pour mesurer le temps à l'échelle cosmologique. Une masse d'uranium 238 est réduite de moitié en différents produits de transmutation en une période d'un milliard d'années : en mesurant la quantité de déchets stables produits, on peut en déduire l'âge de l'uranium 238 restant. Par des techniques analogues, on peut comparer différents échantillons de roches pour en déduire leurs âges. Plusieurs études très précises menées de façon indépendantes sur de tels fossiles radioactifs ont permis d'estimer l'âge de la plus ancienne roche du système solaire à environ 4,6 milliards d'années. Pour l'élément uranium, la déduction d'un âge précis dépend de l'histoire chimique de la jeunesse de notre Voie lactée. Si la synthèse des éléments lourds tels que l'uranium s'est déroulée de façon continue avant la formation du système solaire, l'âge de l'uranium peut être estimé à huit milliards d'années; en conséquence, ce serait l'âge de la Voie lactée sous sa forme actuelle. On pense que l'uranium a été formé lors de l'explosion de supernovae, par l'effondrement du cœur de l'étoile dense libérant un grand nombre de neutrons de haute énergie capables d'irradier les couches externes de l'étoile. Nous ne savons pas si les supernovae étaient plus fréquentes aux premiers âges de la vie de notre galaxie. S'il en était ainsi, il faudrait attribuer un âge un peu plus ancien à l'uranium.

La première estimation de Hubble de l'âge de l'univers déduite de la vitesse de récession galactique était de deux milliards d'années seulement. Nous savons maintenant que ses estimations de la distance des galaxies étaient grossières et entachées d'erreurs de méthode. Deux décennies s'écouleront avant que l'amélioration des techniques d'estimation des

Le cosmos

distances permette de résoudre le désaccord. Pendant ce temps, les adeptes du « big bang » reposèrent leur foi sur la simplicité et l'élégance de la théorie. Aujourd'hui, nous pouvons déduire du rapport (distance)/(vitesse de fuite) des galaxies que l'explosion a commencé il y a environ quinze milliards d'années, en supposant le taux d'expansion constant dans le temps (voir figure 1.2). Une décélération, ou même une accélération ont pu avoir lieu, mais le remarquable accord entre l'ordre de grandeur de l'échelle du temps cosmologique et l'âge du système solaire (ainsi qu'avec l'âge des plus vieilles étoiles de notre galaxie) montre que de tels effets n'ont pu jouer qu'un rôle mineur dans l'évolution de l'univers.

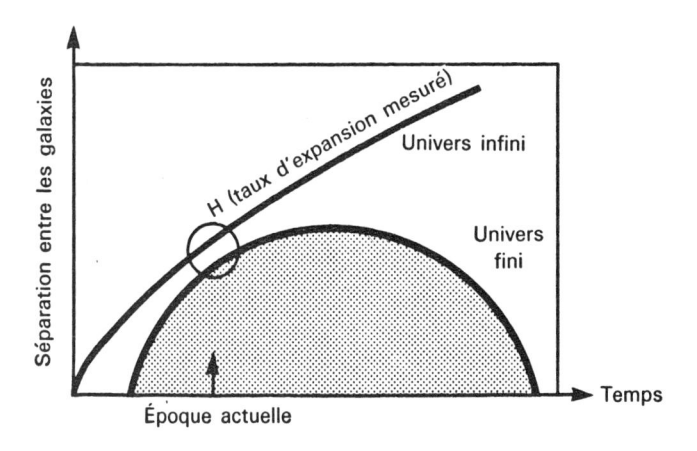

Figure 1-2. *Expansion des distances cosmiques avec le temps.* Si l'univers est infini, la séparation continuera à s'accroître indéfiniment; mais dans le cas d'un univers fini, l'expansion s'inversera un jour en contraction. Dans les deux cas, l'âge de l'univers peut être déterminé à partir du taux d'expansion mesuré aujourd'hui.

La main gauche de la création

Alternatives

Éviter la conclusion dramatique que l'univers est en expansion a été la préoccupation et même l'obsession de nombreux cosmologues. L'hypothèse de la « lumière fatiguée » fut une des premières idées introduites dans ce but. Peut-être les photons, pensait-on, perdaient-ils simplement de l'énergie au cours de leur long cheminement intergalactique jusqu'à nous ? Quelques observations simples, cependant, ont permis d'éliminer cette hypothèse. On pourrait s'attendre à ce que la fatigue d'un photon dépende de sa fréquence, or des rayonnements de fréquences aussi disparates que les ondes radios (10^9 hertz) et la lumière visible (10^{15} hertz) présentent un décalage vers le rouge précisément identique. La fatigue de la lumière pourrait se manifester par un accroissement du flou des images ou des raies spectrales engendrant une dispersion vers le rouge. Ce phénomène n'est pas non plus observé, ce qui implique que les photons, particules de lumières, ne perdent pas d'énergie en arrivant jusqu'à nous. Une autre possibilité est l'origine gravitationnelle du décalage vers le rouge. Effectivement, quand un photon s'échappe d'un objet dense, il perd de l'énergie pour surmonter la force de gravitation. Cet effet a été mesuré pour la Terre où il provoque un décalage vers le rouge de 10^{-9}.

Dans notre galaxie, l'effet est plus important : pour une étoile type, il produit un décalage vers le rouge de l'ordre de 10^{-6}. Cependant le décalage vers le rouge effectivement mesuré pour les galaxies les plus éloignées est tellement plus élevé qu'aucun modèle ne pourrait l'attribuer à l'effet de la seule gravitation.

Le cosmos

L'état stationnaire

La théorie du « big bang » soutient que la création de l'univers est survenue en un instant unique du passé. Auparavant, il semblait également plausible à de nombreux cosmologues que la création se déroulât partout dans l'espace, de façon continue dans le temps, juste au rythme nécessaire pour compenser la dilution par l'expansion. La matière nouvellement créée se condensait en galaxies et l'univers gardait toujours la même apparence. Il n'y avait pas eu de commencement.

Cette théorie de l'état stationnaire naquit une nuit de 1946 où Hermann Bondi, Thomas Gold et Fred Hoyle avaient vu un film fantastique habilement construit de manière à ce que la fin de l'histoire s'enchaîne avec le début. « Et s'il en était ainsi avec l'univers ? » suggéra Gold, quelques verres de cognac plus tard, dans la chambre de Bondi dominant la grande cour du Trinity College de Cambridge. Suite à ce baptême original, la théorie fut publiée en 1948. Bien que la publication initiale de Hoyle ait été rejetée par la Société de Physique de Londres « en raison d'une pénurie de papier », elle fut entourée d'une telle publicité qu'elle finit par pénétrer l'imagination du public et suscita un débat acharné.

La cosmologie des années 1950 fut dominée par le duel « big bang » contre « état stationnaire ». Les partisans de l'état stationnaire éludaient le problème du point origine de l'univers par un artifice qui horripilait certaines personnes : selon l'historien Stanley Jaki, c'était probablement « la plus grande mystification qui ait jamais reçu caution scientifique ».

Avec le concept de *création ex nihilo*, la théorie de l'état stationnaire s'était emparée de manière flagrante d'une partie du dogme chrétien officiel au service d'une cause presque anti-chrétienne. Mais la notion de création continue à travers l'espace servit à propos comme contrepoint à la théorie opposée d'une création unique dans un passé éloigné. La bataille pour l'univers stationnaire en création continue et d'âge infini, engagée dans les années 1950, fut perdue dans les années 1960. Que cet exemple demeure en notre souvenir pour nous rappeller les écueils qui guettent tout modèle théorique de l'univers.

L'obscurité du ciel nocturne

Avec l'œil humain comme seul détecteur, il existe une très simple observation qui démontre l'âge infini de l'univers. Pratiquement sous toutes ses formes, la matière émet du rayonnement. Quand la matière est froide, ce rayonnement se situe dans l'infrarouge ou même dans le domaine des micro-ondes; quand elle est chaude, il s'échelonne du visible jusqu'à l'ultraviolet ou les rayons X. Tout ce rayonnement est émis à travers l'espace et s'accumule dans le vaste réservoir que constitue l'univers : à travers les télescopes, il apparaît comme une faible lueur diffuse en arrière-plan. Même au sommet de la plus haute montagne, le ciel nocturne n'est jamais totalement noir entre les étoiles qui scintillent : même si un œil inaccoutumé ne distingue pas la lueur de fond cosmique, les plaques photographiques révèlent sa présence. Les fréquences de ce rayonnement de fond couvrent la totalité du spectre électromagnétique. En règle générale, il provient de l'accumulation des lumières de vastes populations d'étoiles dispersées sur des milliards d'années de lumière. Mais il reste extrêmement faible : sa brillance ne s'élève pas à plus de 1 % de celle de la Voie lactée.

L'obscurité évidente du ciel de nuit est un fait un peu plus subtil qu'il en a l'air. Si l'univers était statique et infini avec ses galaxies distribuées dans tout l'espace, alors, quelle que

Le cosmos

soit la direction fixée du regard, nos yeux rencontreraient toujours une étoile, de la même façon que dans une forêt, la ligne du regard est toujours interrompue par un mur d'arbres continu. Dans son ensemble, le ciel de nuit serait aussi brillant que la surface d'une étoile. C'est ce qu'on appelle le « paradoxe d'Olbers » du nom du savant du siècle dernier Heinrich Olbers. Il se trouve que le paradoxe est levé si l'univers est fini. Lorsque nous regardons au loin à travers l'espace, nous voyons les événements tels qu'ils se sont déroulés dans un passé lointain du fait de la durée du trajet de la lumière jusqu'à nous; un âge de dix milliards d'années pour l'univers limite notre horizon à dix milliards d'années de lumière. Cela résout le paradoxe d'Olbers car seules les galaxies en deçà de cette distance peuvent contribuer à la brillance du ciel nocturne. Mais les arguments définitifs sont rares en astronomie. La lumière des étoiles éloignées est dégradée par le décalage vers le rouge qui augmente ses longueurs d'onde du domaine visible vers l'infrarouge : par ce biais, la cosmologie de l'état stationnaire peut aussi être réconciliée avec le paradoxe d'Olbers.

Un signal cosmique

L'échec final de la théorie de l'état stationnaire et des autres rivaux sérieux de la théorie du « big bang » est dû à la découverte, en 1965, du fond cosmique de rayonnement micro-ondes par deux radio-astronomes, Arno Penzias et Robert Wilson. Récompensés plus tard par le prix Nobel pour leur découverte, ils rencontrèrent par hasard le fond cosmique de rayonnement alors qu'ils cherchaient à calibrer un des premiers télescopes prévus pour les télécommunications par satellite avec lequel ils espéraient mesurer l'émission radio de la Voie lactée. Ils trouvèrent un signal résiduel

La main gauche de la création

qui avait la même intensité quelle que soit la direction observée dans le ciel. Ce degré extrême d'uniformité dans toutes les directions, ou *isotropie,* était un indice favorable à l'origine cosmique de ce rayonnement. En fait, en 1948, l'hypothèse du « big bang » avait conduit George Gamow et ses collègues Ralph Alpher et Robert Herman à prédire l'existence d'un tel rayonnement de basse température baignant l'univers. Ce rayonnement prédit avait les caractéristiques du rayonnement d'un *corps noir,* source d'émission thermique idéale (voir figure 1-3). Dans ce cadre théorique, les cosmologues identifièrent rapidement le rayonnement cosmique trouvé par Penzias et Wilson au rayonnement vestige du « big bang », bien que l'identification de son spectre à celui d'un corps noir ne fût établie que dix ans plus tard.

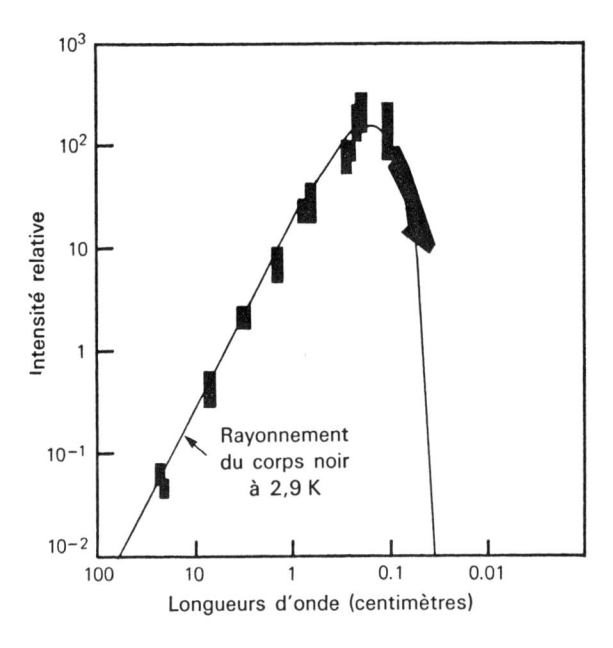

Figure 1-3. *Rayonnement du corps noir.* Intensité spectrale calculée pour un corps noir à la température de 2,9 K comparée aux données astronomiques du fond cosmique de rayonnement.

Le cosmos

La bande millimétrique des micro-ondes s'étend des longueurs d'onde d'un millimètre à quelques centimètres. Aucune étoile ni galaxie normale n'émet de manière significative dans cette bande.

De ce fait, un observateur doué uniquement de vision micro-onde verrait un univers presque uniforme et sans structure; la Voie lactée lui apparaîtrait comme la faible lueur d'un brouillard diffus. Il n'existe pas de sources connues d'ondes millimétriques suffisamment intenses pour expliquer le fond de rayonnement cosmique. Par ailleurs, ce rayonnement est si uniforme d'un endroit à l'autre qu'il faudrait plus de sources qu'il n'existe de galaxies dans tout l'univers pour maintenir les fluctuations aléatoires d'intensité au niveau observé.

Le fond de rayonnement cosmique ne peut tirer son existence que des origines mêmes de l'univers, dont il constitue un élément aussi fondamental que la matière.

Le rayonnement du corps noir

L'intensité spectrale du fond de rayonnement cosmique suit la loi d'émission caractéristique d'un corps noir qui atteint son maximum pour une longueur d'onde de deux millimètres.

Pour le physicien, le corps noir est un radiateur parfait. Son rayonnement provient de la matière en état d'équilibre thermodynamique; un moyen de créer cet état est de construire une cavité dans laquelle aucun rayonnement ne peut entrer et de laquelle il ne peut sortir. En définitive, la matière qui se trouve dans la cavité atteint un état d'équilibre avec les parois de l'enceinte et le rayonnement qui existe alors dans la cavité est celui d'un corps noir à la température des parois. Plus le corps noir est froid plus la longueur d'onde correspondant au maximum du spectre d'émission est grande. C'est ainsi que le rayonnement cosmique millimétrique correspond à une température de juste trois degrés au-dessus du zéro absolu. Il est remarquable que, dix-sept ans plus tôt, Ralph Alphes et Robert Herman avaient prédit une valeur proche de cinq degrés au-dessus de zéro, soit pratiquement égale à la valeur observée. Cependant, il ne réalisèrent pas que le phénomène pouvait être détectable expérimentalement. Ce premier pas crucial fut franchi par deux groupes indépendants. En 1964, deux scientifiques soviétiques, Igor Novikov et Andrei Doroshkevich émirent une première proposition en ce sens. Puis en 1965, à Princeton, Robert Dicke et ses collaborateurs redécouvrirent la théorie de Gamow du « big bang » chaud et entreprirent même une tentative de mesure du rayonnement résiduel. Mais ils furent pris de vitesse par la découverte heureuse et fortuite de Penzias et Wilson.

Le rayonnement du corps noir ne dépend uniquement que de sa température. A trois kelvins, c'est-à-dire -270 degrés Celsius, il y a environ 5.10^8 photons ayant une énergie moyenne de 3.10^{-4} électronvolts dans un mètre cube. Dans le même volume, il y a seulement 4 protons en moyenne, qui ont chacun une masse équivalente à une énergie d'un milliard d'électronvolts. En tenant compte de la matière cachée, que nous n'avons pas encore détectée, il faut probablement accroître ce nombre d'un facteur 10 environ; cela en supposant que cette matière est essentiellement constituée de protons, plutôt que de neutrinos (particules élémentaires de masse presque nulle voyageant à la vitesse de la lumière) ou d'autres particules inconnues. Par conséquent, la densité d'énergie du rayonnement représente moins de 1 % de la densité d'énergie de la matière visible. Mais ce constat s'applique uniquement à l'état actuel de l'univers. A mesure que l'on s'éloigne dans l'espace et, par conséquent, dans le temps, la présence du rayonnement devient de plus en plus importante. Pourquoi? Parce que la température du rayon-

Le cosmos

nement du corps noir diminue à mesure de l'expansion de l'univers, et en conséquence, l'énergie moyenne des photons décroit régulièrement. En raisonnant en termes de longueur d'onde, la raison de ce déclin devient évidente. La longueur d'onde du rayonnement du corps noir est, en moyenne, de l'ordre de grandeur de la distance entre les photons, répartis de manière aussi uniforme que possible. Avec l'expansion de l'univers, la longueur d'onde s'accroît et son accroissement est directement proportionnel à celui de l'échelle de l'univers dû à cette expansion. Nous pouvons donc dire que la fréquence du rayonnement et par suite, l'énergie d'un photon individuel, décroissent proportionnellement à l'accroissement de l'échelle de l'univers au cours du temps.

Les conséquences de ce raisonnement sont assez étonnantes : il implique que, lorsque l'échelle de l'univers était mille fois plus petite que sa valeur actuelle, le rayonnement du corps noir était l'élément prédominant de l'univers. C'est cet état primitif de prédominance du rayonnement qui fournit le cadre du déroulement des premières scènes de l'évolution de l'univers.

Le désordre

Pour le cosmologue, la densité d'énergie n'est pas la seule propriété utile du rayonnement du corps noir. Nous allons voir que *l'entropie,* mesure du désordre du rayonnement, est aussi un concept très important. L'entropie d'un corps noir type est approximativement égale au nombre de photons dans la cavité qui contient le rayonnement. A haute température, l'entropie est bien plus élevée qu'à basse température pour un volume fixé. En tant que machine thermique naturelle, une étoile produit de grandes quantités d'entropie : les effluves de photons chauds qui s'échappent de son noyau sont transformées en photons refroidis à la surface stellaire. En cosmologie, l'entropie totale n'est pas un concept significatif car le volume naturellement considéré est celui de l'univers entier (qui pourrait bien être infini). Il est plus utile de considérer la quantité d'entropie des photons par proton individuel, appelée entropie spécifique. C'est approximativement le rapport, par unité de volume, du nombre de photons au nombre de particules lourdes sub-atomiques telles que les protons et les neutrons, appelés collectivement baryons. L'entropie spécifique en un point est une mesure de l'entropie locale. Puisque le nombre de photons du corps noir est proportionnel au volume ainsi que le nombre de baryons, l'entropie spécifique reste constante avec l'expansion de l'univers, à condition qu'il n'y ait ni création ni destruction de photons ou de baryons. Nous verrons que cette condition est bien satisfaite sur une période de temps considérable. La valeur actuelle du rapport est d'environ 10^{10}, avec la matière visible seule prise en compte pour le calcul du nombre de baryons.

Ce nombre est très élevé par rapport aux entropies spécifiques rencontrées dans les systèmes de rayonnement et de matière qui nous entourent ou même dans les objets astrophysiques communs comme les étoiles ou les nébuleuses. Une flamme de bougie et une bande de lumière fluorescente ont des entropies spécifiques de l'ordre de 2 et 1 000 respectivement ; la quantité d'entropie engendrée par le soleil durant sa vie entière est d'environ 10^6 photons par baryons. L'explosion d'une supernova engendre une quantité quelque peu plus importante : probablement jusqu'à 10^7 photons par baryons, ce qui reste faible devant la valeur cosmique. Ces évaluations nous permettent d'affirmer que le fond cosmique de rayonnement n'a pas pu être produit par des sources astrophysiques semblables à celles que nous connaissons aujourd'hui dans notre galaxie. Il faut trouver des sources bien plus exotiques. La cosmologie du « big bang » fournit une telle source. Une origine non primordiale

Le cosmos

du rayonnement du corps noir peut être imaginée, cependant les modèles alternatifs du « big bang » requièrent invariablement l'introduction et la coïncidence de paramètres totalement arbitraires, ce qui n'est pas pour satisfaire les exigences des physiciens. L'explication la plus simple, l'hypothèse minimale, est fournie par la théorie du « big bang ». Elle ne recouvre pas nécessairement toute la vérité, mais l'explication sans détour qu'elle apporte à de nombreux phénomènes en fait la meilleure approximation de celle-ci que nous possédons actuellement.

L'uniformité

Imaginons maintenant que nous parcourons l'univers afin de comparer la densité du rayonnement à celle de la matière. Nous découvrirons qu'à première vue le rayonnement est remarquablement uniforme tandis que la matière semble répartie de façon extrêmement irrégulière et inhomogène. En fait, uniformité et homogénéité sont des concepts relatifs. En examinant une surface d'apparence lisse au microscope nous voyons disparaître sa régularité. La nuit, dans les meilleures circonstances, nous pouvons distinguer à l'œil nu plus d'un million d'étoiles qui semblent distribuées plus ou moins au hasard dans le ciel. Cela est aussi une illusion qui s'évanouit lorsqu'on y regarde de plus près. En regardant à travers un télescope, nous observons que pratiquement toutes les étoiles brillantes sont de proches voisines du Soleil et appartiennent à la Voie lactée. Si le télescope est plus puissant, le reste de notre galaxie apparaît comme un îlot distinct d'étoiles et de nébulosité. Il faut scruter deux millions d'années de lumière dans l'espace pour rencontrer la première galaxie brillante, Andromède.

Si la puissance du télescope est encore augmentée, nous

accédons à des régions de l'espace de plus en plus lointaines : des milliers de galaxies apparaissent à nos yeux; certaines en forme de spirale, comme Andromède et notre Voie lactée, d'autres en ellipse ou semblables à de gigantesques amas globulaires d'étoiles. Nous sommes maintenant en train de scruter des profondeurs d'un milliard d'années de lumière. La plupart des galaxies sont concentrées au voisinage de la Vierge : nous découvrons l'amas et le super-amas de galaxies de la Vierge. Notre propre galaxie avec ses compagnes du Groupe Local, dont Andromède, sont des membres périphériques du super-amas de la Vierge.

Finalement à l'aide des plus grands télescopes terrestres, nous parvenons jusqu'à trois, et même dix milliards d'années de lumière dans l'espace. Nous voyons maintenant les galaxies par millions. En fait, près d'un milliard d'entre elles sont maintenant détectables de la Terre. Il y a plusieurs milliers de groupements et d'amas, et même certaines régions sombres vides de galaxies brillantes. Les galaxies paraissent en fait rassemblées en structures filamentaires ou en feuillets. Mais on ne peut plus distinguer de régions où la concentration de galaxies soit la plus grande. Les galaxies sont distribuées régulièrement à travers l'univers. Les plus faibles d'entre elles sont dispersées partout comme des grains de poussière, surpassant largement en nombre les galaxies brillantes. En vérité, il semble qu'il y ait peu de limites à ce qui est reconnu comme galaxie : de l'ellipse géante plus brillante qu'un billion de soleils à la naine clairsemée d'un millier de soleils, à peine visible sous la lueur du ciel nocturne. Quelle diversité dans la population de l'univers!

L'isotropie

Il existe des galaxies dans toutes les directions de l'univers, sans qu'aucune soit privilégiée. Il n'est pas de bord ou de

Le cosmos

centre discernable. Les galaxies baignent dans une mer uniforme de photons refroidis – le rayonnement du corps noir cosmique. L'uniformité de sa température fournit l'évidence la plus frappante de l'homogénéité de l'univers. D'une direction à l'autre de l'espace, les variations de son intensité ne dépassent pas 0,1 %. Cette seule uniformité est un témoignage irrévocable de son origine lointaine, du plus profond de l'univers primordial. Comme nous l'avons vu précédemment, aucune source d'émission galactique n'est suffisamment intense pour en être la cause. Seul le « big bang » ou quelque autre événement exotique éloigné dans l'espace et le temps, peut rendre compte du rayonnement du corps noir cosmique.

Le rayonnement cosmique est ancré à l'univers; il constitue un cadre de référence par rapport auquel on peut mesurer le mouvement de la Terre, compte tenu de son mouvement relatif au soleil et du mouvement solaire dans la Voie lactée (voir table 1-1). Mais ce ne sont pas les seuls mouvements à considérer : la Voie lactée elle-même se déplace dans ce que nous appelons le Groupe Local, autour d'un point situé grossièrement à mi-chemin entre nous et Andromède. Le Groupe Local lui-même est en mouvement,

Tableau 1-1
Notre mouvement

Mouvement de la Terre relatif au rayonnement du corps noir cosmique	410 km/s
Ce mouvement inclut les composantes suivantes connues :	
Rotation de la Terre sur elle-même (à l'équateur)	0,46 km/s
Terre relativement au centre de gravité du système Terre-Lune	0,013 km/s
Système Terre-Lune relativement au soleil	29,8 km/s
Soleil relativement au repère standard défini par les étoiles proches	20 km/s
Rotation du repère standard dans la Galaxie	250 km/s
Centre de la Galaxie par rapport au Groupe Local de galaxies	100 km/s
Groupe Local relativement au super-amas de la Vierge	300 ($\pm$ 100) km/s

en réponse à l'attraction gravitationnelle du grand super-amas de galaxies de la Vierge. Cette attraction contrecarre la fuite relative de la Vierge par rapport à nous due à l'expansion de l'univers. C'est pourquoi notre mouvement relatif à la Vierge est réduit d'environ 25 % de ce qu'il serait si notre environnement local était uniforme.

Notre mouvement total relatif au rayonnement du corps noir a été mesuré. Juste devant nous, dans la direction où nous nous déplaçons, le rayonnement se précipite vers nous et son intensité mesurée est légèrement plus grande que dans d'autres directions. Parallèlement, l'intensité mesurée dans la direction opposée au mouvement est légèrement plus faible. Cet effet, dont l'ordre de grandeur est de 0,1 %, est dû au décalage Doppler. Dans la direction de notre mouvement, les fronts d'onde, qui séparent les longueurs d'onde successives du rayonnement, sont légèrement compressés en raison de notre déplacement continu durant l'intervalle de temps qui sépare les arrivées de chaque front. Ce déplacement vers les courtes longueurs d'onde ou *décalage vers le bleu* provoque une légère augmentation de l'intensité du rayonnement puisqu'une diminution de la longueur d'onde correspond à un accroissement de la fréquence et donc de l'énergie du photon.

On ne peut pas encore affirmer avec certitude que l'attraction du super-amas de la Vierge suffit entièrement à rendre compte de l'ampleur de notre mouvement cosmique. Elle joue certainement un rôle prédominant, bien que des irrégularités dans la distribution des galaxies plus éloignées puissent aussi contribuer à accélérer le Groupe Local.

Une boule de feu fossile

Le rayonnement du corps noir cosmique est un fossile de la boule de feu primitive de laquelle naquit l'univers. Depuis dix milliards d'années ce rayonnement s'est répandu librement à travers le cosmos. Il nous fournit aujourd'hui un souvenir unique des régions de l'espace et du temps qu'il a traversé. En examinant ce rayonnement, nous perçons les temps lointains où l'univers était opaque. Les conditions de l'univers primitif ressemblaient à celles qui règnent au centre d'une étoile; ce n'est seulement qu'après un million d'années d'expansion et de refroidissement que la matière s'est suffisamment raréfiée pour que l'espace devienne transparent au rayonnement du corps noir. Pendant le même temps, la chaleur du feu initial s'est suffisamment apaisée pour que les électrons et les noyaux puissent s'associer et former des atomes; avant cela, la matière se trouvait à l'état de plasma formé d'ions et d'électrons séparés. Or le rayonnement électromagnétique consiste en oscillations de champs électrique et magnétique qui interagissent avec le champ électrique crée par tout électron libre. Cette interaction se manifeste par la diffusion de l'onde, c'est-à-dire une variation de sa direction de propagation. Dans un gaz atomique ou moléculaire, où les ions libres sont rares, la diffusion par les électrons est pratiquement inexistante. C'est environ trois milliers d'années après le « big bang » que s'est terminée l'ère de la diffusion : la température est alors tombée à trois mille kelvins et la plupart des électrons se sont combinés avec des protons pour former des atomes d'hydrogène. C'est à partir de ce gaz primitif d'atomes que les étoiles et les galaxies ont commencé à se condenser.

L'univers est d'une complexité étonnante. Il y a plus d'étoiles tournoyant dans notre modeste galaxie que d'êtres humains ayant jamais vécu sur Terre, plus d'étoiles que l'on pourrait en compter durant une vie entière ou même un millier de vies, et encore autant de galaxies dispersées à travers l'espace observable. Le nombre d'étoiles contenues dans l'univers est si grand qu'il défie l'imagination. Seul l'infiniment petit nous confronte également à de tels chiffres : un morceau de sucre contient autant d'atomes qu'il y a d'étoiles dans l'univers observable. Ici microcosme et macrocosme se rencontrent, apparemment par hasard. Mais il y a d'autre part des liens profonds et fondamentaux entre les particules élémentaires et l'univers. Jadis, les graines de l'évolution cosmique furent semées par les interactions entre les noyaux atomiques et entre leurs constituants élémentaires ainsi que par la force de gravitation. Ce qui s'est déroulé alors en une fraction de seconde pendant la phase dense et chaude qui caractérise le tout début de l'univers a influencé tout les événements ultérieurs. Chaque galaxie, chaque étoile, chaque planète doit son existence aux événements primordiaux dont la nature est partiellement obscurcie par le passage du temps. Dans une perspective moderne, l'évolution cosmique laisse peu de place au hasard, jusqu'à ce qu'émergent les premières planètes habitables, quelques milliards d'années plus tard.

L'origine de la structure

Notre but est de dévoiler les secrets des premiers instants de l'univers et d'élucider le lien cosmique entre ces débuts et le monde que nous voyons autour de nous aujourd'hui.

Ce lien n'est pas toujours direct et notre chemin empruntera quelquefois les sentiers tortueux de domaines de la physique encore peu explorés avant d'arriver à destination. L'origine de l'univers se trouve inévitablement aux frontières de la physique moderne, mais cela ne doit pas nous détourner de notre quête.

En cosmologie, l'espace et le temps sont liés de façon inextricable. Nos télescopes couvrent des distances si grandes que la lumière en provenance des galaxies éloignées à besoin de presque tout le temps écoulé depuis le « big bang » pour parvenir jusqu'à nous. La cosmologie essaye d'expliquer ce que nous voyons par ce que nous ne pouvons voir, mais que

Le cosmos

nous considérons comme plausible, simple et naturel. Notre champ de vision de l'espace est limité par un horizon naturel défini par la distance parcourue par la lumière depuis le « big bang ». Il délimite ce que nous appellons « l'univers observable ».

Les horizons

Cet horizon renferme à présent plus d'un milliard de galaxies. Sa taille a augmenté avec l'expansion de l'univers. Autrefois, avant que les galaxies ne soient formées, l'horizon d'un observateur hypothétique renfermait très peu de matière. Si peu de temps s'était déroulé depuis le « big bang » que l'horizon contenait alors beaucoup moins de matière qu'une galaxie type n'en contient actuellement. Aux premiers instants de l'univers, l'horizon renfermait seulement un millionième de gramme de matière. Cet instant ultime est fixé par les limites de validité de notre description gravitationnelle de l'espace et du temps (une description quantique de la gravitation devient alors nécessaire, et celle-ci n'existe pas encore aujourd'hui). Toute l'énergie et la matière que nous pouvons voir aujourd'hui était présente, mais répartie parmi un très grand nombre de domaines chacun délimité par son horizon, sans aucune relation de causalité possible entre ces domaines. C'est à partir de ce seuil cosmologique que commence l'établissement des structures galactiques que nous observons aujourd'hui. Remonter au-delà de cet instant jusqu'au mystère de la singularité initiale du « big bang » est un des plus grands défis jeté à la physique moderne.

La main gauche de la création

L'évolution cosmique

Notre histoire, comme la plupart des histoires, commence par le début. En premier lieu, nous décrirons ce que les cosmologues modernes savent de la singularité du « big bang » et les incertitudes qui l'entourent. Avançant dans le temps, nous explorerons les événements inhabituels qui se produisent dans son voisinage et les limites fixés à l'applicabilité de nos théories de la gravitation et de la matière aux hautes densités. Au chapitre 3, nous arriverons dans le domaine de la gravitation classique où notre connaissance de la physique des particules, bien qu'incomplète, nous permet d'apprendre comment les différentes composantes de la matière qui nous entourent ont été créées. Il n'a pas fallu une semaine, mais moins d'une seconde pour former pratiquement toute la matière contenue dans l'univers (exactement 98 %). L'origine des 2 % restants contient l'histoire de l'humanité. Il a fallu des milliards d'années d'évolution avant d'aboutir à une mare stagnante transpercée par les éclairs sous l'atmosphère nauséeuse de méthane d'une planète en formation : le chapitre 4 est consacré à l'histoire de ces années. L'apparition des graines des premiers embryons de galaxie eut lieu très tôt, probablement dans les premières secondes qui suivirent le « big bang ». Ce n'est que beaucoup plus tard que se déroulèrent les condensations des galaxies reconnaissables, des amas et des super-amas de galaxies, puis finalement des étoiles et des planètes.

Tout ce que nous observons autour de nous est inextricablement lié aux conditions qui régnèrent dans un passé extrêmement lointain : c'est le sujet de notre livre. Mais, ne pouvons nous pas imaginer différents commencements possibles à l'univers : chaotique ou calme ? chaud ou froid ? Le chapitre 5 est consacré à l'examen détaillé de certaines questions qui ont tourmenté les cosmologues au cours des

Le cosmos

années. Certains modèles de l'univers ont des conséquences imprévisibles et il est clair qu'ils ne s'inscrivent pas dans le grand schéma que nous avons tracé. Certains autres pourraient être incompatibles avec l'évolution de l'homme, ce qui serait une catastrophe de nature philosophique sinon cosmologique. Bien entendu, de nombreuses énigmes demeurent et dans notre dernier chapitre, nous présentons un pot-pourri de questions et réponses sur les thèmes les plus divers : de l'origine à la fin des temps, des particules élémentaires ultimes à Dieu.

Il se peut que ce voyage aux confins de nos connaissances éclaire le lecteur ou bien le laisse perplexe. Mais, il lui révélera certainement tout ce que nous savons et ne savons pas sur l'origine de l'univers, problème clef de l'astronomie moderne.

2

LES ORIGINES

Selon certains, le signe d'une bonne philosophie est de partir d'une observation si banale qu'elle semble évidente, pour aboutir à une conclusion si extraordinaire que personne ne la croit.

Pendant des siècles, les penseurs ont considéré l'univers comme une vaste toile de fond immuable sur laquelle on pouvait observer le mouvement régulier des astres. Mais les mesures faites par Edwin Hubble du rougissement de la lumière en provenance des galaxies éloignées apportèrent la confirmation d'un univers très différent. Hubble justifia la prédiction radicale de Friedman d'un univers dynamique en état d'expansion globale. Les galaxies s'éloignent les unes des autres à une vitesse proche de celle de la lumière : c'est ce simple fait qui nous a conduit à une conclusion peut-être aussi incroyable qu'extraordinaire. Si nous suivons cet univers en expansion à rebours jusqu'à son origine, il apparaît que l'ensemble de ses régions a été comprimé en un point unique de densité infinie à un certain moment du passé. Cet

Les origines

instant a été baptisé la *singularité*, car les modèles cosmologiques simples sont incapables de décrire ce qui se trouvait avant. A en juger par sa vitesse moyenne d'expansion et sa légère décélération, le commencement de l'univers a eu lieu il y a moins de seize milliards d'années. Par comparaison, la plus ancienne bactérie fossile trouvée sur Terre n'a que trois milliards d'années.

Un début inévitable?

Au début des années 1930, quand les premiers cosmologues modernes réalisèrent la conséquence remarquable de l'expansion de l'univers (une singularité de densité infinie dans un passé déterminé), ils éprouvèrent une répugnance bien compréhensible à l'accepter. Un débat fascinant fut engagé sur la réalité et la nature de cette singularité. Le débat prit fin au milieu des années 1960, quand on comprit réellement la nature du commencement de l'univers suivant la théorie du « big bang ». Pour comprendre la réponse à la question : « Qu'est-ce que la singularité du " big bang " ? », il nous faut remonter aux premières tentatives malheureuses d'explication ou de rejet de cette singularité.

La singularité a d'abord été considérée comme un défaut pathologique du modèle de l'univers en expansion plutôt que comme un phénomène naturel. Après tout, même la théorie classique de la gravitation de Newton permet en principe de prédire l'existence d'un point de densité infinie. Des éléments de masse qui convergent de manière parfaitement coordonnée vers un point unique arrivent tous en ce point au même instant. Alors que la théorie de Newton prédit une densité infinie en ce point, ce fait n'est jamais observé dans la réalité. Pourquoi ? Parce que le modèle comprend certaines idéalisations et simplifications qui n'existent pas dans la nature. Un ensemble réel de masses convergentes ne se conduit jamais exactement comme dans notre exemple parfaitement symétrique. D'autres forces naturelles interviennent pour empêcher un comportement si singulier et pathologique.

Certains cosmologues pensèrent que l'adoption d'un modèle plus réaliste de l'univers en expansion permettrait d'éliminer cette fâcheuse prédiction d'une singularité initiale. Hélas, à leur plus grande surprise, cet espoir fut déçu. Suivant une suggestion d'Einstein, en 1933, Georges Lemaître proposa un modèle fondé sur l'hypothèse raisonnable que les vitesses d'expansion diffèrent suivant les directions. Assez tristement, le problème de la singularité dans le passé n'en fut que déplacé. Au lieu de défocaliser le point de convergence de la matière, le modèle dissymétrique prévoyait non seulement que le point de densité infinie demeurât mais qu'il eût lieu plus récemment que dans le modèle de Friedman. Toute sorte d'univers déformé, irrégulier et même en rotation furent successivement envisagés. Ils possédaient tous le même défaut : ils prédisaient tous un commencement de l'expansion de l'univers à partir d'un point de densité infinie.

La pression

Quelques années plus tard, Einstein souleva une autre objection. Revenons à notre ensemble de masses convergentes parfaitement coordonnées. Même si elles avaient été capables de se rencontrer en un point unique, nous savons par expérience qu'elles ne seraient pas devenues arbitrairement proches ou infiniment denses. Ces masses auraient simplement rebondi l'une sur l'autre comme des boules de billard. En d'autres termes, une contre-pression aurait empê-

Les origines

ché la singularité de se produire. Einstein fit remarquer que les modèles cosmologiques naïfs tirés de sa théorie de la gravitation supposaient tous que la matière n'exerce aucune pression. La matière cosmique y était assimilée à un nuage de fumée plutôt qu'à un amas de billes dures.

Il est certain que l'on peut fournir une très bonne description de l'univers actuel en négligeant la pression. Le gaz présent dans l'espace intergalactique est simplement trop froid pour exercer des pressions significatives au niveau cosmique. S'il est possible de trouver des pressions locales importantes dans les galaxies ou même dans les amas de galaxies, elles ne peuvent absolument pas rivaliser avec la gravitation à l'échelle du mouvement de récession galactique. C'est seulement en extrapolant dans le passé jusqu'aux moments où la densité de l'univers était bien plus élevée qu'aujourd'hui que nous rencontrons des collisions entre particules et rayonnement de plus en plus fréquentes : la température devient alors très élevée et la pression commence à augmenter irrésistiblement pour finir par devenir très importante. L'introduction de ces forces de pressions réalistes ne pourrait-elle pas exorciser la singularité du « big bang » ? l'univers ne pourrait-il pas avoir rebondi en état d'expansion après avoir été contracté, tout comme la pression due à l'accroissement du taux de collisions moléculaires dans un ballon qui s'écrase, cause son rebondissement et restitue son volume ?

Malheureusement, cette manière d'envisager le problème était aussi vouée à l'échec. L'adjonction de la pression au modèle de l'univers en expansion ne porta pas les fruits attendus. De façon assez perverse, la pression, au lieu d'éliminer l'état de densité infini dans le passé, le renforce purement et simplement. La célèbre formule d'Einstein $E = mc^2$ en révèle la raison. Elle montre que toute forme d'énergie E (la pression n'est pas autre chose qu'une forme d'énergie) est équivalente à une masse m, le facteur de proportionnalité étant le carré de la vitesse de la lumière c^2.

Ainsi, comme toute masse, toute pression doit à la fois être sensible à la gravitation et engendrer des forces d'attraction universelle. Nous pouvons maintenant comprendre pourquoi la pression ne peut pas empêcher la singularité du « big bang » : à mesure que nous reculons dans le temps et approchons la singularité, la pression devient effectivement énorme, mais sa masse équivalente crée un effet de contraction gravitationnelle supplémentaire qui compense largement l'effet répulsif dû aux collisions.

Essayer d'éviter la singularité en faisant appel à la pression est aussi efficace que d'essayer de se sortir de l'eau en se tirant par ses propres épaules. L'attraction gravitationnelle créée par l'accroissement de pression ne sert qu'à renforcer les arguments en faveur de la singularité du « big bang ».

La dernière objection soulevée à l'encontre de cette singularité omniprésente dans les modèles d'univers en expansion fut la plus subtile. Son apparence séduisante de crédibilité conduisit beaucoup de monde à se tromper sur la nature du « big bang » et à conclure à l'impossibilité de trouver une véritable singularité naturelle en retraçant l'histoire du cosmos. Cette singularité passait pour un mirage, une pure illusion mathématique, semblable à une autre illusion bien connue dans un cadre qui nous est plus familier.

Les coordonnées

Les géographes ont défini sur le globe terrestre un réseau de lignes de coordonnées, les parallèles et les méridiens, afin de pouvoir repérer sans équivoque tout point de la surface. Lorsqu'on se déplace de l'équateur vers les pôles Nord ou Sud, les méridiens commencent à converger jusqu'à leurs intersections finales aux pôles. En ces points, le système de

Les origines

coordonnées utilisé pour repérer les points de la surface terrestre manifeste des « singularités ». Cependant, si nous nous rendons aux pôles, nous pourrons facilement constater que l'on n'y trouve aucune singularité physique rélle qui interrompe la surface terrestre. Nous avons seulement créé une singularité artificielle dans un système de coordonnées géographiques. Nous pouvons, si nous le voulons, choisir une grille différente de coordonnées pour couvrir la surface terrestre qui soit parfaitement régulière aux pôles. Soit dit en passant, quelle que soit la manière dont on dispose la nouvelle grille, elle possède toujours une singularité où quelque part les lignes se rencontrent et se confondent. C'est ce que les mathématiciens appellent le théorème de la boule chevelue parce qu'il explique pourquoi, lorsque vos cheveux sont peignés à plat sur votre tête, il reste toujours en fin de compte un point singulier, une raie, où les cheveux ne peuvent pas être lissés et d'où ils semblent diverger. En changeant votre style de coiffure vous pouvez modifier la position de cette « singularité crânienne » de la même façon que le changement de système de coordonnées déplace le point d'intersection des méridiens, mais vous ne réussirez jamais à supprimer complètement cette intersection.

Et si cette persistante singularité du « big bang » n'était qu'un artefact provenant uniquement de notre façon imparfaite de *décrire* et de repérer l'expansion de l'univers, à la manière de ces singularités bénignes des systèmes de coordonnées géographiques ?

Au début des années 1960 de nombreux chercheurs étaient de cet avis et suggérèrent de chercher à éliminer le point de densité infinie par un changement des coordonnées de description de l'univers. Cette méthode fut essayée, mais, comme pour les systèmes de coordonnées géographiques, la singularité se déplaçait ailleurs. A chaque fois que l'on trouvait un nouveau système de coordonnées cosmologiques singulier, il était aussitôt remplacé par un nouveau système, toujours singulier, et ainsi de suite *ad infinitum*. Pour décider si notre singularité cosmologique est réelle ou non, nous devons nous interroger sur ce qu'il advient *ad infinitum* : s'il existe une catastrophe physique réelle, ne devrait-elle pas aussi se manifester par une singularité localisée dans chaque nouveau système de coordonnées ? Comment reconnaître la véritable situation dans laquelle nous nous trouvons ?

Aux confins de l'univers

Pour résoudre ce dilemme embarrassant, les cosmologues réalisèrent qu'ils devaient définir précisément ce qu'ils entendaient par singularité. Il leur fallait une définition qui évite toutes les complications de la pression, des dissymétries et des coordonnées qui enracinent des modèles du début de l'univers dans la pathologie. Pour cela, la notion traditionnelle de singularité en un lieu et un instant de densité ou de température infinie devait être abandonnée. Pour comprendre pourquoi, imaginons un cosmologue qui se présente avec un modèle complet d'univers obtenu en résolvant les traditionnelles équations d'Einstein. Il en tire une carte de l'univers avec toutes ses caractéristiques spatiales et temporelles. Notre cosmologue l'examine attentivement à la loupe pour en débusquer les endroits où la densité ou quelque autre quantité devient infinie. Quand il trouve un de ces points, il le découpe : il crée ainsi une carte de l'univers quelque peu perforée à laquelle il accole l'étiquette : « univers non singulier ». Nous nous plaindrions alors amèrement, mais un peu tard, d'avoir été trompés : ce modèle d'univers perforé serait pour nous réellement singulier, ou tout du moins, *presque* singulier autour des excisions. Cependant, cet univers perforé satisfait pleinement aux équations d'Einstein. Pour résoudre un dilemme de la sorte, il est nécessaire de décider exactement ce que nous définissons par singularité. L'adop-

Les origines

tion d'une définition plus sûre est nécessaire avant de pouvoir affirmer que, lorsque nous trouvons un univers non singulier, ses points de singularité n'ont pas été exclus par la méthode même utilisée pour le trouver.

Nous dirons qu'une singularité se produit lorsque le trajet d'un rayon lumineux à travers l'espace et le temps est brusquement interrompu sans pouvoir continuer plus loin. Quoi de plus « singulier » en vérité, que l'expérience qui attend un voyageur de l'espace-temps arrivant au bout d'un chemin interrompu par le bord de l'univers : arrivé à destination il disparaît complètement de l'univers, projeté dans les limbes hors de l'espace et du temps. Intrinsèquement, la définition a été choisie de manière à pouvoir détecter immédiatement les points de densité infinie élagués dans un modèle d'univers : un trajet dans cet univers sera aussi sûrement interrompu par les limites du trou dans la carte que par un point réel de densité infini. Dans les deux cas, l'interruption définitive du trajet sera le signe d'une singularité pour le cosmologue. Un voyageur intrépide de l'espace-temps qui s'engagerait dans l'un de ces culs-de-sac cosmiques franchirait les limites et disparaîtrait de l'univers hors de toute description possible. Les limites en elles-mêmes ne font pas partie de l'univers et réciproquement à leur disparition, des particules pourraient apparaître spontanément aux limites d'une singularité.

Cette image des bords de l'univers est très utile. Elle permet d'esquiver toutes les difficultés à propos de la forme et du contenu de chaque modèle particulier d'univers, ce qui lui confère une valeur générale. C'est aussi une image potentiellement plus riche que notre représentation du « big bang » comme une sorte d'explosion cosmique géante à partir d'un état de densité et de température infinies, notion trop vague pour être utile. Notre nouvelle image est aussi plus proche de la conception métaphysique traditionnelle de la création *ex nihilo*, en ce qu'elle prédit un commencement aux événements temporels défini précisément par un commencement du temps lui-même.

La main gauche de la création

Cette nouvelle définition n'a pas seulement été adoptée pour son absence d'ambiguïté. Elle permet de décider si oui ou non notre univers possède une de ces singularités dans le passé, ou si vous préférez, un état avant lequel il n'y avait rien : ni matière, ni mouvement, ni espace, ni temps.

Notre univers est-il singulier?

C'est au milieu des années 1960 que Roger Penrose, un mathématicien britannique, montra comment cette conclusion remarquable pouvait être établie. Par la suite, un certain nombre d'arguments mathématiques similaires furent présentés, connus maintenant sous le nom collectif de théorèmes de la singularité.

Le plus puissant de ces théorèmes, démontré par Penrose et Stephen Hawking, n'utilise que des hypothèses qui peuvent être confirmées par l'observation. Il montre que la théorie de la gravitation d'Einstein assure l'existence d'une singularité de l'espace-temps si certaines conditions sont vérifiées : premièrement, la force de gravitation est toujours attractive et s'exerce sur tout objet; deuxièmement, il est impossible de voyager dans notre propre passé; troisièmement, il existe assez de matière dans l'univers pour créer une *région piège* d'où même la lumière ne peut s'échapper. Ces conditions n'ont rien d'invraisemblable. Sans aucun doute, nous avons toujours observé que la gravitation est une force attractive et universelle. Par ailleurs, la plupart des gens considèrent le voyage dans le temps, avec son cortège de violations des relations de causalité, comme quelque chose de bien pire que la singularité du « big bang » : nous pourrions alors remonter jusqu'à l'enfance de nos parents et les tuer, avec tous les paradoxes logiques que cela entraîne. La raison pour laquelle on doit envisager d'écarter l'hypothèse du

Les origines

voyage dans le temps, est que la théorie de la gravitation d'Einstein n'exclut pas son éventualité. Mais l'élément crucial du théorème est la dernière condition sur la région piège et sa signification physique.

Si l'on néglige la gravitation, nous savons que les rayons lumineux se déplacent à vitesse constante et sont pour cette raison représentés par des lignes droites dans un *diagramme d'espace-temps,* qui n'est rien d'autre qu'un schéma représentant la distance parcourue à partir du point d'émission en fonction du temps. Pour deux rayons partant dans des directions opposées, la pente des deux lignes est exactement égale à la vitesse de la lumière. Si maintenant nous tenons compte de la gravitation, qui agit sur tout objet y compris sur les rayons lumineux, ces derniers se courbent et convergent légèrement l'un vers l'autre par leur attraction gravitationnelle mutuelle ou l'effet de la matière en présence. Évidemment cet effet est très faible, sauf en présence d'un objet matériel important qui dévie les rayons de la ligne droite de manière significative (voir figure 2.1). La gravitation agit comme une faible lentille convergente et cet effet de courbure de la lumière a même été vérifié par les astronomes. Par exemple, pendant les éclipses du Soleil, des étoiles qui devraient rester invisibles parce que cachées à notre vue par le disque solaire, deviennent pourtant observables : les rayons lumineux émis par ces étoiles lointaines sont déviés à leur passage près du Soleil sous l'effet de son attraction gravitationnelle, ce qui nous permet de les voir sur les côtés (voir figure 2.2). Il n'est pas nécessaire d'avoir beaucoup d'imagination pour concevoir que si suffisamment de matière s'accumule dans une région particulière, l'attraction qu'elle exerce pourrait devenir assez forte pour empêcher tout rayon lumineux qui arrive de repartir. Dans ce cas la « lentille gravitationnelle » devient si puissante qu'elle impose une stricte convergence. Nous sommes alors en présence d'une « surface piège ». Toute matière ou rayonnement enclos dans cette surface piège est condamné à converger sous l'influence de sa propre gravitation.

La main gauche de la création

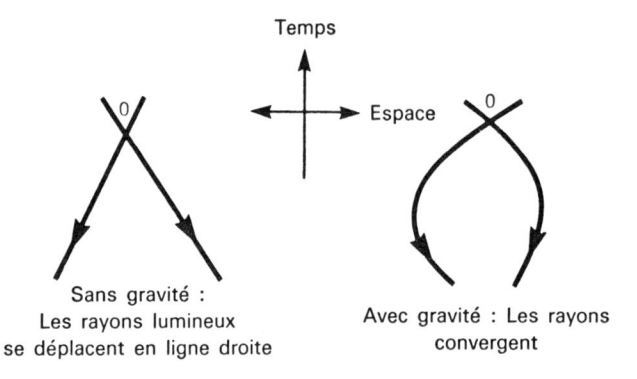

Sans gravité :
Les rayons lumineux
se déplacent en ligne droite

Avec gravité : Les rayons
convergent

Figure 2.1 : *Le mouvement des rayons lumineux.*

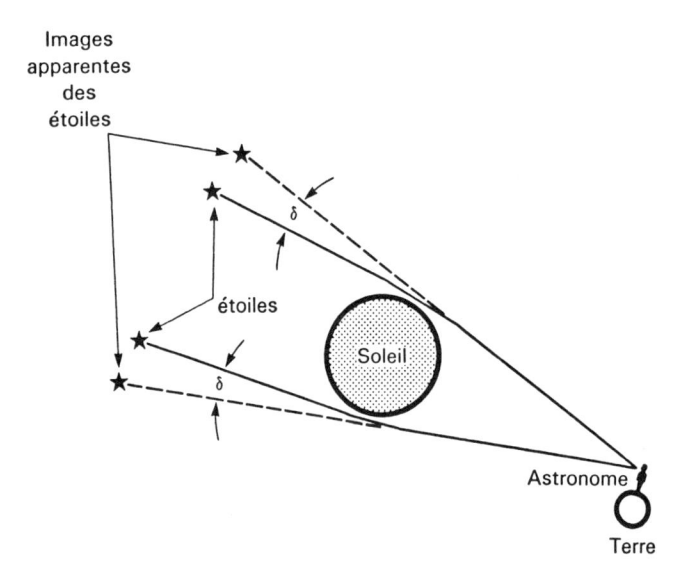

Figure 2.2 : *La courbure de la lumière.* Effet de la déviation lumineuse par la gravitation du Soleil sur la position apparente des étoiles. La déflection δ, est d'environ 0,0004 degré.

Stephen Hawking et George Ellis furent les premiers à réaliser que la découverte de Penzias et Wilson du fond de

Les origines

rayonnement cosmique montrait que l'univers entier possédait une surface piège. La quantité totale d'attraction exercée par le rayonnement micro-onde lui-même (réuni avec la matière intergalactique qui le diffuse) est suffisante pour créer une région piège qui renferme l'intégralité de l'univers observable. Au cours de leur histoire, les photons micro-ondes suivent des trajets de l'espace-temps qui convergent à cause de leur attraction mutuelle. Une conséquence pratique de cet effet est que les images des radiogalaxies éloignées de tailles réelles identiques ne devraient pas apparaître de plus en plus petites quand elles sont observées à des distances de plus en plus lointaines (et par suite, à des époques de plus en plus reculées) : il devrait, au contraire, exister une taille minimum *apparente*.

Il est confirmé que les conditions du théorème sont bien vérifiées dans l'univers que nous voyons actuellement. La logique mathématique nous met donc devant le fait accompli : il existe une singularité dans notre passé, une frontière du temps de laquelle a émergé l'univers en expansion. La preuve provient d'une suite de raisonnements mathématiques abstraits et difficiles, remarquable témoignage de la capacité de ce genre de raisonnements à utiliser et produire des énoncés concernant la réalité physique. Mais malgré sa complexité sous-jacente, la raison pour laquelle la présence d'une région piège entraîne inévitablement un trou dans le tissu de l'espace-temps peut être ramenée à une idée simple. A l'origine, la lumière émanait d'une région de l'espace-temps, qui avait la configuration d'une feuille déroulée à plat, mais une fois la surface piège formée autour d'elle, la région prit la configuration d'une sphère. Or un plan ne peut être continûment transformé en sphère que s'il lui manque au moins un point. C'est pourquoi la surface du globe terrestre est déformée par projection sur un atlas plan. Retracé sur une carte plane en projection de Mercator, le trajet d'un tour du monde dessine une ligne interrompue. Dans le cas de l'univers, il doit y avoir des points manquants dans la région piège que constitue notre passé. Ces points, qui peuvent être en nombre infini, définissent la frontière singulière que nous appelons le commencement de l'univers.

Les trous blancs

Une des caractéristiques les plus surprenantes de la démonstration qui établit notre nouveau concept de singularité est qu'en aucun cas elle n'impose que tout l'univers provienne d'un point de singularité unique. De grandes parties de l'univers pourraient avoir été exclues de ce destin et il est fort probable que la singularité n'ait pas été simultanée : différents points de l'univers ont pu commencer leur expansion à partir d'un « big bang » situé à des instants différents. Les parties les plus denses de l'univers, qui, en définitive, se sont condensées prématurément en galaxies, ont probablement émergé un peu plus tard du « big bang » que les régions clairsemées qui composent le milieu intergalactique. La présence de faibles écarts à l'uniformité dans l'univers témoigne en faveur d'une création non simultanée. Ce qui paraît encore plus frappant, c'est l'existence possible de parties de la singularité dont la naissance a été si retardée que leur création a pu être influencée par d'autres parties déjà existantes.

Dans la figure 2.3, des signaux lumineux émanant de A peuvent influencer les événements en B. Ces fragments retardés du « big bang » sont quelquefois appelés des *trous blancs*. Si nous vivions près de B, nous pourrions alors rencontrer des phénomènes locaux totalement imprévisibles en provenance de la singularité voisine malgré nos observations de l'univers en expansion nous incitant à localiser le « big bang » réel dans notre passé éloigné en A. Un trou blanc

Les origines

nous apparaîtrait, qui, à l'inverse d'un trou noir, expulserait inexorablement de la matière sortie du néant en violation de toutes les lois de la conservation de l'énergie. Il y a quelque temps, ces créations exotiques semblaient fournir une explication valable des sources d'énergie cosmiques spectaculaires que sont les *quasars*; pas plus grands que le système solaire, ils émettent pourtant plus d'énergie qu'une galaxie de cent milliards d'étoiles. Cependant il apparut de plus en plus difficile de soutenir une telle hypothèse à mesure que furent révélés des détails plus précis concernant les quasars. Aujourd'hui, il est généralement admis qu'il n'existe aucune observation en faveur de l'existence des trous blancs.

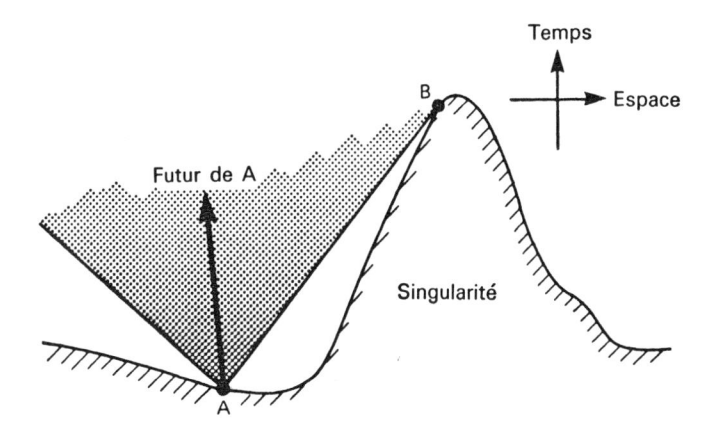

Figure 2.3 : *Création non simultanée.* Des signaux lumineux émis à la création en A peuvent influencer les événements à la création en B, si B appartient au futur de A.

Ces singularités inévitables présentent également une caractéristique apparemment très étonnante : elles fournissent des points de départ de l'histoire cosmique qui ne vont pas nécessairement de pair avec une densité infinie ou d'autres caractéristiques explosives attribuées au « big bang ». Jusqu'ici beaucoup d'efforts ont été consacrés à essayer de prouver que de telles infinités accompagnent réellement une

La main gauche de la création

singularité. Si cela était vrai, cela signifierait que ces infinités sont la cause même de l'existence des bords de l'univers. Un grand nombre de conclusions très techniques et sophistiquées ont été tirées de l'examen de cette question. On peut les résumer assez simplement en disant que la majorité des modèles réalistes d'univers singuliers possèdent des infinités à leur commencement, et que le modèle particulier qui décrit le mieux l'univers dans son état actuel est probablement (mais pas définitivement) un de ceux-là.

L'univers a-t-il commencé par un « bang » ou un « whimper » ?

« This is the way the world ends. Not with a bang but a whimper *. » Ces mots sont extraits du poème de T. S. Eliot, « The hollow men » **. Le terme « big bang », prononcé pour la première fois en 1950 par Fred Hoyle au cours d'une émission de radio, est habituellement réservé à une description explosive de la singularité initiale de l'univers où les quantités physiques deviennent infinies. Plus récemment, Georges Ellis et Andrew King ont proposé le terme « whimper » pour désigner une singularité initiale plus douce où les quantités physiques comme la température et la densité conservent des valeurs modérées. De nombreuses études ont été entreprises pour essayer de trancher entre les deux hypothèses sur la nature du commencement de l'univers, « bang » ou « whimper ». Il en sort que le commencement de l'expansion à partir d'un « bang » paraît beaucoup plus

---

* *N.d.T.* En français : « C'est ainsi que finit l'univers. Non en un boum mais en un murmure. » Mais pas plus que pour la traduction de « big bang » par « grand boum », il n'est facile de proposer un équivalent français satisfaisant pour « whimper ».
** « Les hommes creux » (traduction de P. Leyris, Le Seuil, 1976).

Les origines

probable. Les équations de la gravitation d'Einstein contiennent beaucoup plus de modèles possibles avec un « bang » qu'avec un « whimper ». Il apparaît un fait encore plus significatif : si l'on modifie très légèrement une solution avec un « whimper », elle se change en « bang », tandis que si l'on effectue la même opération sur une solution avec un « bang », elle reste un « bang ». Les « whimpers » sont instables : ils nécessitent un ajustement très fin des conditions initiales à des valeurs très particulières, tandis que les « bangs » semblent capables de se dérouler dans toute sorte de conditions.

Certains ont réagi contre l'apparente fatalité du « big bang » et de sa singularité initiale en invoquant la possibilité d'une voie alternative, sachant que la théorie actuelle de la gravitation ne peut s'appliquer quand la densité devient arbitrairement grande. On peut dire deux choses à ce sujet : premièrement, que la théorie cesse d'être applicable uniquement quand la densité atteint 10^{96} fois celle de l'eau, soit une densité fantastique, déjà bien singulière à tout point de vue; deuxièmement, que l'éventualité de « whimpers » compatibles avec la théorie actuelle ne peut pas être éliminée par cette objection. Il n'y a aucune raison que la théorie ne s'applique pas à l'approche d'un « whimper » puisque les conditions de densité y sont très modérées. Selon les prédictions de la relativité générale, nous sommes alors inévitablement conduits vers une limite de l'espace et du temps, un état où toute prédiction est impossible. Cette théorie contient, pour ainsi dire, en elle-même, « les germes de sa propre destruction ».

La question la plus difficile posée par la singularité, à laquelle nous sommes loin d'avoir trouvé une réponse, concerne ce qui se déroule en son voisinage immédiat. À quoi ressemblerait l'univers à proximité d'une singularité typique? Et s'il y a réellement eu une singularité au commencement de l'univers, était-elle de la sorte la plus ordinaire ou, au contraire, possédait-elle des traits saillants que l'on retrouverait dans les propriétés particulières de l'univers d'aujourd'hui ? Nous reviendrons sur ces questions au chapitre 5 parce qu'elles sont associées à une énigme fondamentale : savoir si la structure cosmique contemporaine a émergé d'un état initial d'ordre ou de chaos.

Région sans retour

Ces points de singularité qui délimitent les bords de l'espace et du temps semblent à première vue bien étrangers à notre expérience quotidienne de l'univers. Néanmoins, il se peut qu'il existe une région piège *locale*, avec une singularité cachée au cœur même de notre Voie lactée ou aux centres d'autres galaxies. Ces trous ne font pas partie de la singularité du « big bang », mais peuvent apparaître localement dans toute région suffisamment massive et dense pour créer une région piège. Ces conditions se trouvent vraisemblablement réunies dans les régions très denses des centres galactiques. Les astronomes appellent ces régions pièges des *trous noirs.* L'origine de leur existence peut être expliquée en termes très simples ; là encore, seule la gravitation intervient.

Le jet d'une pierre et sa trajectoire sont une manifestation familière de l'attraction gravitationnelle. Après avoir décrit une trajectoire à peu près parabolique, la pierre vient frapper le sol. Plus la pierre est lancée fort, plus elle monte haut et plus la durée de sa chute est longue. Ce comportement nous suggère que, finalement, nous pourrions arriver à surmonter la gravitation : si la pierre était lancée avec une vitesse suffisante, ne pourrait-elle pas échapper complètement à l'attraction terrestre et disparaître sans retour dans l'espace ? Cela est en fait possible. A tout objet est associée une vitesse critique, souvent appelée *vitesse d'évasion,* qui représente la vitesse minimale que doit atteindre un autre corps pour échapper à l'attraction gravitationnelle de cet objet. Cette

Les origines

vitesse est déterminée par la masse et le rayon de l'objet ainsi que par la constante de gravitation de Newton qui spécifie l'intensité intrinsèque de la force de gravitation. Pour la Terre, la vitesse d'évasion s'élève à 11 kilomètres par seconde. C'est la vitesse minimum de lancement d'une fusée destinée à échapper à la gravitation terrestre. Le concept de vitesse d'évasion est utile dans de nombreuses applications : par exemple, il permet de comprendre pourquoi la Terre possède une atmosphère et la Lune n'en possède pas. Près de la surface de la Terre, la vitesse moyenne des molécules d'oxygène et d'azote qui composent l'atmosphère est inférieure à la vitesse d'évasion, c'est pourquoi elles sont retenues. Quant à la Lune, sa masse représente $1/81^e$ de celle de la Terre et son rayon 27 % du rayon terrestre : sa vitesse d'évasion est cinq fois plus faible que celle de la Terre et les molécules gazeuses quittent facilement sa surface. La gravitation est un facteur déterminant pour l'existence d'une atmosphère sur une planète.

Les trous noirs préconçus

John Michell était un ecclésiastique et géologue britannique, célèbre pour son invention de la balance de torsion et la création de la sismologie. En 1783, la gravitation était le principal objet de ses préoccupations. Intrigué par une idée peu commune, il échangea à son sujet une correspondance avec Henri Cavendish, grand physicien de l'époque. Michell, à qui la notion de vitesse d'évasion était familière, pensait d'autre part que la lumière était composée de petits corpuscules se déplaçant à grande vitesse (ce qu'aujourd'hui nous appellerions des photons). Il se demandait ce qui arriverait si un objet était suffisamment massif et petit pour que sa vitesse d'évasion atteigne la vitesse de la lumière (300 000 kilomètres par seconde). Un tel objet, soupçonnait Michell, serait invisible à des observateurs éloignés : aucun corpuscule de lumière émis ou réfléchi ne pourrait en provenir; la lumière serait piégée par cet objet. Michell calcula qu'un objet astronomique possédant cette étrange propriété devrait être dix millions de fois plus massif que le soleil pour avoir la même densité que la Terre. Il suggéra même que cet objet pourrait être détecté s'il était en orbite autour d'une étoile visible : le mouvement orbital anormal de cette étoile témoignerait de l'existence de son compagnon invisible.

Michell avait prédit l'existence de ce que nous appelons aujourd'hui les trous noirs, nom proposé par le physicien américain John Wheeler en 1968. Plusieurs objets astrophysiques sont maintenant candidats au titre de trous noirs.

Les trous noirs observés

Cygnus X-1, étoile binaire de la constellation du Cygne et source intense très irrégulière de rayons X, est suspectée d'être un trou noir. L'émission X en est l'indice principal. Ce rayonnement ne peut provenir que de la perte d'énergie gravitationnelle d'un gaz s'effondrant sur un objet excessivement compact, à la manière d'un objet qui tombe sur le sol d'une hauteur très élevée et libère son énergie sous forme de chaleur. Les étoiles à neutrons et les trous noirs sont les seuls objets compacts possibles. La masse de Cygnus X-1 peut être évaluée en étudiant l'orbite de son compagnon ordinaire par des méthodes spectroscopiques : elle est estimée supérieure à cinq masses solaires. Or les étoiles à neutrons sont connues pour être instables quand leur masse excède trois ou quatre masses solaires; leur destin inéluctable est alors de s'effondrer sur elles-mêmes pour former un trou noir (voir chapitre 4. *L'origine des éléments lourds*). C'est pourquoi les astro-

Les origines

nomes sont arrivés à la conclusion quasi certaine que Cygnus X-1 est bien un trou noir. Il existe bien d'autres sources de rayonnement X suspectées d'être aussi des trous noirs, mais aucune n'en offre une évidence aussi éclatante que Cygnus X-1 (voir figure 2-4).

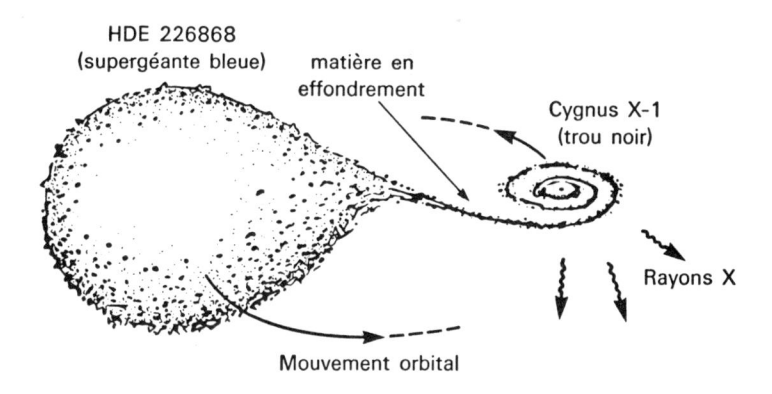

Figure 2-4. *Cygnus X-1*. La source d'émission X Cygnus X-1 capture de la matière en provenance d'une étoile supergéante. A mesure que cette matière s'effondre en spirale autour du trou noir, elle s'échauffe et émet des rayons X.

Des trous noirs beaucoup plus massifs semblent se trouver au noyau des galaxies actives. L'effondrement de matériaux sous l'attraction de ces objets est la source la plus efficace plausible pour extraire de grandes quantités d'énergie de la matière confinée dans une région compacte. Pour prendre un cas extrême comme le quasar 3 C 273, une luminosité équivalente à celle de mille Voies lactées est produite dans un volume de rayon inférieur à une année de lumière. C'est seulement pour les galaxies avoisinantes que la résolution des télescopes est suffisante pour pouvoir identifier optiquement la présence de grands trous noirs. Un terrain de chasse favori des astronomes est le noyau de la galaxie elliptique géante Messier 87. Certaines indications portent à croire que la densité d'étoiles au centre y est anormalement élevée et que les vitesses stellaires y sont aussi plus grandes que les valeurs attendues, précisément comme on pourrait s'y attendre en présence d'un trou noir de plusieurs milliards de masses solaires. C'est seulement en 1986 que les astronomes pourront accéder à une meilleure résolution grâce à l'utilisation d'un grand télescope spatial. Ils pourront alors confirmer si les étoiles profondes du noyau galactique répondent à l'attraction d'un objet compact et massif et si cet objet est bien le trou noir attendu (voir figure 2-5).

L'horizon du trou noir

Il a fallu attendre la théorie de la gravitation d'Einstein, élaborée en 1915, pour accéder à une compréhension véritable de la nature des trous noirs de Michell. Cette théorie a remplacé celle de Newton à peu près de la même façon que le Boeing 747 a remplacé les premières machines volantes. La théorie de Newton a été développée pour rendre compte des faibles champs de gravitation dans le système solaire et s'est parfaitement acquitée de cette tâche, mais la théorie d'Einstein a ouvert des perspectives entièrement nouvelles nécessaires au traitement des champs de gravitation intense. A la différence de la théorie newtonienne, elle prédit de façon très précise le comportement des objets se déplaçant aux vitesses proches de celle de la lumière et décrit le mouvement de la matière dans les régions de champ gravitationnel intense comme le voisinage des trous noirs. Alors que la théorie newtonienne est mathématiquement simple, une seule équation décrivant le système de forces exercées par une distribution donnée de masses, la théorie d'Einstein est extrêmement complexe : nous avons dix équations étroitement liées au lieu d'une seule, qui décrivent la relation entre la structure de l'espace et du temps et la distribution et le mouvement de la matière qu'ils contiennent. Même

Les origines

aujourd'hui, après soixante ans d'examens approfondis, ces équations n'ont pu être résolues que dans ces cas spéciaux supposant certaines symétries et approximations. Une des premières solutions, la plus simple et la plus importante, fut découverte par l'astronome Karl Schwarzschild en 1916. Après quelques années de débat, il devint clair que la solution de Schwarzschild constituait la description précise et correcte du trou noir envisagé par Michell. C'est un objet sphérique dont l'ensemble des propriétés est entièrement déterminé par la seule donnée de sa masse. En particulier, nous pouvons en déduire le rayon de la sphère dans laquelle le champ gravitationnel est suffisamment intense pour empêcher quoi que ce soit de s'en échapper, même la lumière; ce rayon, donné par la formule de Michell *, correspond à une vitesse d'évasion égale à la vitesse de la lumière. La surface sphérique correspondant à ce rayon est appelé l'*horizon* du trou noir. Aucun signal ne peut être transmis en provenance de l'intérieur vers le monde extérieur à travers l'horizon. C'est une membrane à sens unique. Si un vaisseau spatial traverse l'horizon et pénètre dans le trou noir, il ne peut plus s'en échapper, quelle que soit la puissance de ses fusées. Pour donner une idée des quantités mises en jeu, si notre galaxie avait un trou noir de masse équivalente à un million de Soleils caché en son centre (ce qui est non seulement possible mais fort probable), alors l'horizon apparaîtrait comme une surface sphérique de rayon égal à environ $1/50^e$ de la distance de la Terre au Soleil; si le Soleil (de masse égale à $1,99 \times 10^{33}$ g) s'effondrait pour former un trou noir, son rayon serait alors ramené à environ trois kilomètres, soit plus de 200 000 fois plus faible que sa valeur actuelle.

Vu de l'extérieur, les trous noirs sont les objets les plus simples de l'univers. Pour un observateur extérieur ils sont

---

* $r = 2GM/c^2$, G est la constante de Newton; c la vitesse de la lumière; r et M, le rayon et la masse du corps.

caractérisés par seulement trois propriétés : la masse, le moment angulaire dû à leur rotation éventuelle et la charge électrique. La solution de Schwarzschild correspond au cas le plus simple où le moment angulaire et la charge sont nuls. La solution générale comprenant les trois propriétés a été trouvée en 1966 par Roy Kerr, un mathématicien néo-zélandais. Ces trois qualités possédées par le trou noir sont celles que l'on pense toujours conservées de manière absolue dans la nature : chacune d'entre elle peut être redistribuée au cours d'un processus physique mais ne peut jamais être ni détruite ni créée. Les trous noirs ne possèdent aucune autre propriété : deux trous noirs de masse, de charge et de moment angulaire identiques ne peuvent en aucune façon être distingués. Ils ne portent aucun des signes distinctifs des matériaux à partir desquels ils ont été formés : aucun observateur extérieur ne peut affirmer s'il s'agit de matière ou d'antimatière, de solides ou de liquides, de rayonnement, ou de particules, de souris ou d'hommes qui se sont effondrés pour former le trou noir. Cela ne signifie pas que la matière qui tombe dans le trou noir perd toutes ses propriétés autre que la masse, la charge et le moment angulaire, mais que seules ces trois dernières peuvent être discernées par quelqu'un de l'extérieur. Toute autre information reste cachée derrière l'horizon.

La singularité nue

Les trous noirs créent des effets très inhabituels à grande échelle dans l'univers, mais curieusement, ils ne produisent pas nécessairement d'événements extraordinaires à l'échelle locale. Nous pourrions très bien vivre à l'intérieur d'un trou noir sans remarquer quoi que ce soit d'anormal. La densité de matière à l'intérieur du trou noir hypothétique au centre

Les origines

de notre galaxie ne serait pas plus élevée que celle de l'air. Au moment même où nous traverserions son horizon, nous ne ressentirions rien de spécial, ni force gigantesque ni autre phénomène mystérieux. Ce n'est qu'en essayant de revenir sur nos pas que nous découvririons l'impossibilité de le faire. Ce n'est qu'après avoir pénétré loin derrière l'horizon que nous pourrions nous trouver entraînés inexorablement vers le centre du trou noir. A son approche, nous serions soumis à des forces gravitationnelles de plus en plus intenses qui finalement mettraient en pièce notre vaisseau, nos corps, et les atomes qui le constituent.

Supposons que nous soyons un rayon lumineux. Qu'arriverait-il alors si nous plongions dans le centre? Comme nous l'avons vu précédemment, la théorie d'Einstein et ses dérivés prédisent que nous rencontrerions un trou dans l'espace-temps, une singularité où le temps et l'espace sont interrompus. Il n'est pas possible d'aller au-delà d'un tel point : il fait partie des frontières de l'univers au même titre que la singularité du « big bang ». A sa rencontre nous cesserions tout simplement d'exister, car l'espace et le temps dans lesquels évoluent nécessairement tout être y sont détruits. L'origine de cette singularité est la divergence des forces de gravitation qui deviennent infinies en ce point. Quiconque traversera l'horizon en se dirigeant vers le centre rencontrera inévitablement la singularité en une période de temps finie. Ces prédictions furent faites pour la première fois en 1965 par le mathématicien d'Oxford, Roger Penrose. Il démontra que dans toute région locale de l'univers piégée par un horizon, une singularité doit nécessairement exister.

La singularité du trou noir présente encore une dernier aspect mystérieux. Puisqu'elle est voilée par l'horizon, aucune information sur les événements qui s'y déroulent ne peut nous parvenir en traversant celui-ci. La démonstration de Penrose prédit que les lois de la physique telles que nous les connaissons cessent d'être valable au point de singularité du trou noir. Tout peut y arriver. Nous ne pouvons pas y prédire les événements et toute prédiction est impossible en son voisinage si de la matière est créée en ce point. Cependant, à chaque fois que survient une singularité dans l'univers (comme il peut en survenir au centre de chaque galaxie ou quasar), elle se trouve toujours dissimulée par un horizon et il est proscrit que d'éventuels événements imprévisibles et irrationnels puissent influencer des observateurs extérieurs tels que nous le sommes : c'est ce que Penrose appelle l'hypothèse de la *censure cosmique.*

Si cette hypothèse est fausse, nous pourrions rencontrer une singularité « nue », déshabillée de son horizon. A quoi ressemblerait une telle singularité si nous pouvions l'observer ?

Il semble qu'il n'y ait absolument aucune règle qui régisse ce qui arrive au voisinage d'une singularité nue. A priori, on pourrait imaginer une situation de chaos indescriptible issue du dérèglement complet des lois de la nature. Cependant un autre point de vue est possible : dans un désordre totalement aléatoire, il existe une certaine régularité qui n'est pas étrangère au physicien.

Les systèmes complètement aléatoires obéissent à des lois de prédiction statistiques : bien qu'un événement individuel ne puisse pas être prévu, la tendance d'une séquence d'événements en déroulement peut l'être. C'est par exemple, le cas de la description des mouvements de l'air dans une pièce. Le mouvement d'une molécule isolée ne peut pas être prédit à cause de la complexité des innombrables collisions qu'elle subit avec les autres molécules. En raison de ces collisions nombreuses, complexes et imprévisibles, ce mouvement est aléatoire. Cependant, en dépit de cette indétermination microscopique, le mouvement d'une grande masse d'air est prévisible. Les singularités nues pourraient ne pas être plus imprévisibles que cette catégorie de systèmes aléatoires. Cela nous ramène à notre préoccupation cosmologique initiale, car il existe certainement au moins une singularité nue : le « big bang ». L'univers que nous obser-

Les origines

vons montre qu'elle semble avoir été hautement ordonnée plutôt que chaotique. La Terre, les étoiles et les galaxies comptent pour quantité négligeable dans la totalité de la matière qui en est sortie.

La chaîne de déductions qui nous a conduits à conclure que l'univers possède une singularité dans le passé est le résultat d'un *théorème* plutôt que d'une *théorie*. Des hypothèses précises ont été posées et la conclusion en a été tirée par des raisonnements de pure logique mathématique. Ces hypothèses sont vérifiées pour l'univers d'aujourd'hui, mais qu'en est-il de leur validité dans un passé lointain? Si la singularité a réellement été accompagnée de densités infinies, on peut assurément s'attendre à ce que toute sorte de nouveaux phénomènes physiques aient survenu à son approche. Il se pourrait que de nouvelles lois ou de nouvelles forces contredisent les hypothèses simples tirées de notre expérience présente de l'univers.

Certains scientifiques en concluent que s'il se passe des choses imprévisibles et désagréables à l'approche de la singularité, la faute n'en revient pas au monde réel tel qu'il est mais à l'insuffisance de la théorie d'Einstein qui prétend le décrire. Pour sortir des conclusions des théorèmes de la singularité, il faut s'attaquer à au moins une de leurs hypothèses de base.

Supposons qu'il semble plus naturel que l'univers ait « rebondi » après avoir été contracté dans un faible volume. Comment pouvons nous défendre ce point de vue? Dans la chaîne logique qui conduit à la singularité de l'espace-temps le maillon le plus faible, le plus sensible à la critique, est l'hypothèse qui suppose la gravitation toujours attractive. L'argument de cette critique, dirigée en fait contre la théorie de la relativité générale, est que la théorie d'Einstein ne constitue pas une description ultime du monde; en particulier, ce n'est pas une *théorie quantique* : elle ne peut donc pas convenir à la description d'un univers très chaud et très dense. Mais la théorie quantique peut-elle nous débarrasser de la singularité?

La main gauche de la création

L'incertitude quantique

L'idée fondamentale de la théorie quantique est que les particules et les champs présentent un caractère de dualité. Ils possèdent à la fois des propriétés corpusculaires et ondulatoires : dans certains cas ils sont amenés à se comporter comme des boules de billards en collision et dans d'autres cas, comme des ondes oscillantes en interférence. Cette relation de dualité est extrêmement subtile et il est plus commode de se représenter l'aspect ondulatoire comme un moyen de transporter l'information sur la position et la vitesse d'une particule. La notion de vague de criminalité est une analogie plus appropriée que celle de vague aquatique : elle informe qu'il y a plus de chance qu'un crime soit commis dans le secteur où sévit la vague de criminalité qu'ailleurs. Un autre point fondamental de la théorie quantique, qui découle de la dualité onde-corpuscule, est le *principe d'incertitude* démontré par Heisenberg. Il affirme l'impossibilité de mesurer à la fois la position et la vitesse d'une particule avec des précisions arbitrairement fixées. Le produit de l'incertitude sur la position Δx par l'incertitude sur la quantité de mouvement Δp (p = masse × vitesse) reste toujours supérieur à une certaine valeur, donnée par une constante fondamentale de la mécanique quantique, la constante de Planck h, divisée par 4π. Soit l'équation :

$$\Delta x \cdot \Delta p \geqslant h/4\pi$$

La valeur numérique de h est très petite ($6{,}625 \cdot 10^{-27}$ erg-seconde) c'est pourquoi les incertitudes sur la position et la

Les origines

quantité de mouvement des objets macroscopiques du monde quotidien sont négligeables. Il est important de comprendre que le principe d'incertitude n'a rien à voir avec l'imprécision des appareils de mesure ou l'insuffisance des modèles théoriques. L'indétermination qu'il prédit est totalement irréductible, même avec des instruments de mesure parfaits.

Son origine est simple à comprendre : supposons que nous connaissions exactement la quantité de mouvement et donc la vitesse d'une particule. Par exemple, supposons qu'elle soit au repos, donc avec une vitesse nulle. Pouvons-nous savoir exactement où se trouve la particule dans l'espace ? Le principe d'incertitude affirme que non. Pourquoi ? parce qu'en essayant de mesurer sa position, nous la déplaçons inévitablement. En faisant rebondir un photon de la particule jusqu'à notre microscope, nous changeons sa position. Au moment même où nous la « voyons » et relevons sa position, elle a quitté sa position initiale. Le principe d'incertitude nous dit que l'acte de mesure crée une incertitude au moins égale à la constante de Planck. Pour des objets usuels comme un ballon ou une automobile, ces perturbations créées par le processus de mesure sont infinitésimales et pratiquement négligeables. Mais dans le monde des particules élémentaires, elles sont d'une importance vitale.

La gravitation quantique

Cette incertitude complémentaire inévitable sur le mouvement et la position d'une particule est une des raisons pour lesquelles il est si difficile de transformer la théorie de la gravitation d'Einstein en théorie quantique. La théorie de la relativité générale a des caractéristiques peu communes, difficiles à concilier avec n'importe quel aspect d'une théorie quantique. Les théories physiques ordinaires nous fournissent un ensemble de règles sous forme d'équations qui permettent de prédire comment des objets interagiront et se déplaceront dans un espace géométrique préalablement choisi. Les lois de Newton sont de cette nature ; elles prédisent, par exemple, le comportement de deux boules de billard entrant en collision sur une table. Mais la théorie de la relativité générale est autrement plus sophistiquée. Dans cette théorie, il n'est pas du tout nécessaire de supposer vrai les axiomes de la géométrie d'Euclide comme dans la théorie newtonienne, ni même de supposer quoi que ce soit au préalable sur la géométrie de l'espace dans lequel sont situées les particules. Ce sont les masses et leurs mouvements mêmes qui déterminent la texture géométrique de l'espace et du temps dans lesquels elles se meuvent, comme des billes roulant sur une feuille de caoutchouc déterminent complètement sa topographie locale au cours de leur déplacement sur celle-ci. Le contraste avec la vieille image newtonienne peut être illustré par une petite parabole.

Imaginons une population de vers luisants qui, la nuit tombée, entreprennent de parcourir le chemin le plus court entre deux points. En les regardant à distance, nous observons une file unique de points brillants se déplaçant en ligne droite. Tout à coup, la ligne se détourne et s'incurve sur un court trajet avant de reprendre son itinéraire rectiligne. Le physicien newtonien dit qu'un corps qui n'est soumis à aucune force doit conserver son état de mouvement rectiligne ou de repos : puisque les vers luisants ont dévié de leur chemin rectiligne, c'est qu'ils ont dû être soumis à une force. Le physicien einsteinien prend une lampe de poche et fait remarquer qu'il y avait une bosse sur le chemin des vers luisants. Ils ont tout simplement pris le chemin le plus court en contournant la surface de la bosse. Sur un terrain qui cesse d'être plat, c'était le plus court chemin possible, tout comme la trajectoire circulaire décrite par un avion au-dessus du globe terrestre.

Les origines

Einstein a montré comment les mystérieuses forces à distance qui agissent entre les corps peuvent être expliquée par la courbure de l'espace. Quand une masse est placée en un endroit, elle engendre une courbure de l'espace en son voisinage comme un objet posé sur une feuille de caoutchouc. Ainsi, quand une autre particule s'approche, elle roule vers la première masse, non pas parce qu'elle est soumise à une force à longue portée, mais parce qu'elle est sensible à la courbure locale de l'espace créée par la première masse et prend le plus court chemin entre deux points, tout comme les vers luisants.

La discordance entre les concepts relativistes et quantiques apparaît maintenant clairement : le principe d'incertitude nous interdit de connaître la position et la vitesse exactes des particules, alors que c'est précisément ce dont nous avons besoin pour spécifier la structure géométrique de l'espace et du temps dans lesquels elles évoluent. S'il en est ainsi, nous devons admettre que la structure de l'espace et du temps de l'univers tout entier est indéterminée. Mais alors, comment pouvons nous concevoir l'interdiction de trouver une particule dans une position exacte ? Nous sommes enfermés dans un cercle vicieux d'incohérences.

Il est évident que la relativité générale doit être modifiée de façon draconienne par l'introduction des principes quantiques, de même que la théorie quantique, développée pour inclure les effets de gravitation et de courbure de l'espace. C'est pourquoi l'hypothèse des théorèmes de la singularité supposant la gravitation toujours attractive doit être fortement remise en question à l'approche des conditions physiques extrêmes régnant autour d'un point de singularité. Cependant, ces objections ne nous écartent pas nécessairement du principe de l'existence d'une singularité, car, comme nous l'avons fait remarquer précédemment, les singularités peuvent se passer des conditions extrêmes de densité et de pression susceptibles d'invalider l'hypothèse susdite. En réalité, il pourrait y avoir une singularité de l'espace-temps sur cette page, plus petite qu'une particule élémentaire et émettant de l'information aléatoire dans l'univers. Nous ne remarquerions rien d'anormal et nous serions incapable de la distinguer de l'agitation aléatoire engendrée par les collisions entre atomes et molécules. Néanmoins nous verrons plus loin que la singularité originelle de notre univers semble avoir mis en jeu des conditions physiques extrêmes. Dans ce cas, nous pouvons nous demander jusqu'à quelle proximité d'une singularité nos théories s'appliquent avant d'être invalidées.

Le temps de Planck

A quel moment les effets propres à la théorie quantique, ignorés par la théorie de la gravitation d'Einstein, ne peuvent plus être négligés? Par chance, la nature nous offre la réponse. Dans un univers régi à la fois par la gravitation, la propagation de la lumière et la théorie quantique de la matière, il existe un temps unique caractéristique pour lequel ces trois effets sont d'égale importance. La gravitation est décrite par la constante de Newton, $G = 6,672 \times 10^{-8}$ cm^3.g^{-1}.s^{-2}, l'indétermination quantique par la constante de Planck, $h = 6,625 \times 10^{-27}$ g.cm^{2}s^{-1} et la théorie relativiste de la lumière caractérisée par la vitesse de propagation, $c = 3 \times 10^{10}$ cm.s^{-1}. Si nous considérons les unités de masse (g), de longueur (cm) et temps (s) choisies, nous voyons qu'il existe une façon et une seule de combiner ces trois constantes de la nature pour en tirer un temps caractéristique : prendre G, multiplier par h, diviser cinq fois par c et prendre alors la racine carrée du résultat. On remarque que le résultat final est exprimé en seconde et qu'il vaut :

$$t_p = \sqrt{\frac{Gh}{c^5}} = 1,33 \times 10^{-43} \text{ s}$$

Les origines

C'est certainement l'intervalle de temps le plus court jamais rencontré par le lecteur. Par comparaison, le temps pris par la lumière pour traverser un noyau atomique, 10^{-24} s, est énorme. Le temps t_p est appelé temps de Planck en hommage à Max Planck, grand pionnier de la théorie quantique, qui le découvrit en 1906. C'est un temps fondamental associé à la nature même des phénomènes physiques sans aucune référence aux horloges humaines. Si nous voulions expliquer à un habitant d'une galaxie éloignée ce qu'est l'espérance moyenne de vie d'un être humain, nous pourrions lui dire de mesurer la force de gravitation pour en déduire G, la vitesse de la lumière et le quantum d'indétermination dans son laboratoire. Il en tirerait des valeurs exprimées dans son propre système d'unités de longueur, de masse et de temps; on pourrait lui communiquer alors les prescriptions à suivre pour obtenir t_p et lui dire que les humains vivent environ $1,66 \times 10^{52}$ temps de Planck (soit 70 années terrestres, une année terrestre valant $3,156 \times 10^7$ secondes).

Nouveau commencement

Le temps de Planck marque aussi la limite de validité de nos théories actuelles. Nous sommes encore incapables de décrire la nature de l'univers en deçà de 10^{-43} seconde. Un développement majeur de la physique est nécessaire pour pouvoir remonter dans le passé avant ce moment et suivre l'histoire de l'univers dans ses premiers instants quantiques, quand il était entièrement voilé dans l'indétermination. Aujourd'hui quand les cosmologues parlent par abus de langage, du « commencement de l'univers », ils se réfèrent en fait au moment de Planck. Ce n'est qu'à partir de ce moment que nos théories sont suffisamment dignes de confiance pour que l'on puisse effectuer des calculs sérieux et fiables; on peut donc le considérer comme le début de l'univers d'un point de vue pratique. Au moment de Planck, la température prévue pour l'univers s'élève à 10^{32} kelvins et sa densité à 10^{96} fois celle de l'eau. En définitive, à l'issue de cette démarche entreprise pour rejeter la conclusion de l'existence d'une singularité, nous nous retrouvons face à un environnement à tout point de vue bien singulier!

La théorie quantique nous apprend qu'il serait très imprudent d'essayer d'extrapoler nos prédictions à des temps voisins de 10^{-43} seconde. Mais quel genre de surprises nous attendent? Au cours des toutes dernières années, les cosmologues ont entrepris des tentations courageuses de prédiction d'événements très rapprochés du moment de Planck. Ils n'ont pas encore réussi à raccommoder le tissu de l'espace-temps avec l'incertitude quantique, mais ils ont progressé de manière sensationnelle dans la description du comportement des particules quantiques dans un modèle conventionnel d'espace et de temps. Ce problème soluble produit des résultats qui modifient notre image du moment de Planck et pourraient conduire à des conséquences susceptibles d'être vérifiées expérimentalement dans le futur.

Le vide quantique

Notre image du vide fait partie des notions naïves bouleversées par la théorie quantique. Nous avons l'habitude de nous représenter le vide comme l'absence totale de tout objet, de toute particule. Mais nous savons maintenant que le principe d'incertitude nous interdit une telle affirmation; parce que nous ne pouvons pas observer le vide sans y introduire de particules, nous ne pouvons jamais dire quel est

Les origines

son contenu *précis*. Pour être cohérent, il faut concevoir le vide comme une mer en agitation perpétuelle, une vaste écume de paires de particules de charges opposées en apparition et disparition continuelles (voir Figure 2.5).

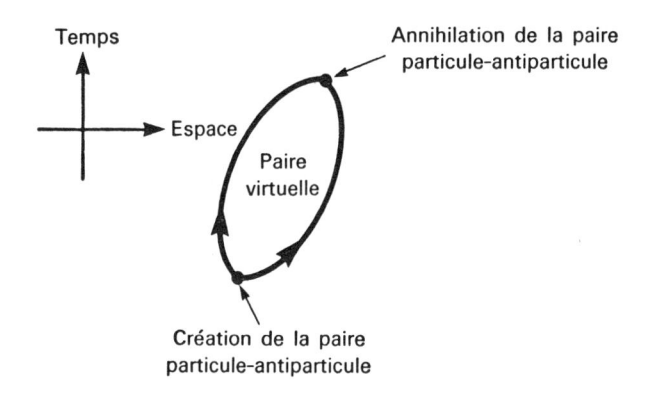

Figure 2.5. *Paires de particules virtuelles.*

Chacune de ces paires est *inobservable*, parce que la distance qu'elles parcourent de la création à l'annihilation et leur quantité de mouvement satisfont à la condition d'inégalité prescrite par le principe d'incertitude décrite précédemment : elles sont donc totalement indétectables; pour cette raison ces paires sont appelées particules virtuelles. Leur création à partir de « rien » viole la loi de conservation de l'énergie, mais la nature n'y prête pas attention tant que cela n'est pas observable. Pour créer ces particules virtuelles transitoires, de l'énergie doit être « empruntée », et le principe d'incertitude est le moyen employé par la nature pour garantir cet emprunt. La quantité empruntée peut être aussi grande que l'on veut, mais plus elle est grande, plus courte est l'échéance du remboursement effectué à travers l'annihilation. C'est ce qui interdit la possibilité d'observer l'emprunt en question. Ainsi l'équation du principe d'incertitude présentée précédemment peut être écrite sous la forme équivalente suivante :

(quantité d'énergie empruntée) × (durée de l'emprunt) $\geq \dfrac{h}{4\pi}$

Le lecteur doit croire que nous sommes en train de l'entraîner sur un terrain douteux. Pourquoi s'occuper d'une telle construction absurdement compliquée et contraire au sens commun ? Pire encore, nous avons l'air d'insinuer que de toute façon c'est une chimère inobservable, alors pourquoi diable s'en préoccuper ? Le fait est qu'une paire individuelle de particules virtuelles ne peut être observée, mais que l'effet de leur multitude peut l'être. A tout instant, il y a un grand nombre de paires virtuelles comprises entre la création et l'annihilation : il est prédit qu'elles exercent un effet calculable sur les niveaux d'énergie des atomes. La variation prévue est très faible, de l'ordre de 1 pour 109, mais l'effet a été confirmé expérimentalement.

En 1953, Willis Lamb mesura cette correction à l'état d'énergie excité d'un atome d'hydrogène, appelé aujourd'hui déplacement de Lamb. La différence d'énergie prédite par les effets du vide sur l'atome est si faible qu'elle est seulement détectable par une transition dans le domaine des fréquences micro-ondes. Or la précision des mesures dans ce domaine est si élevée que Lamb fut capable de mesurer le déplacement avec cinq chiffres significatifs. Il reçut par la suite le prix Nobel pour son travail. L'existence des particules virtuelles ne fait maintenant plus aucun doute.

L'énergie négative

La présence des particules virtuelles crée des effets physiques peu communs dont l'un des plus frappants a été prévu pour la première fois par le physicien hollandais Hendrik

Les origines

Casimir. Lorsqu'un système physique est refroidi jusqu'à une température très basse, le bruit et l'agitation thermique tendent à disparaître pour laisser place, en définitive, à la seule activité des particules virtuelles exigée par le principe d'incertitude. On appelle quelquefois ce mouvement l'agitation au point zéro. Il présente un aspect ondulatoire sous la forme d'une superposition d'ondes de toutes les fréquences possibles. Casimir se posa une question très simple : que deviennent ces fluctuations entre deux plaques parallèles introduites dans le vide ?

A l'extérieur des plaques, toutes les longueurs d'onde de fluctuation sont permises, mais à l'intérieur, seules sont possibles les ondes pour lesquelles la distance entre les plaques peut être ajustée par un nombre entier de longueurs d'onde. En conséquence, la densité d'ondes est plus élevée à l'extérieur qu'entre les plaques : la pression extérieure doit donc être plus forte que la pression intérieure et les plaques doivent être poussées l'une vers l'autre. Si les plaques sont écartées d'un dix millionième de centimètre, la force qui tend à les rapprocher est d'environ 130 dynes. L'excès de pression auquel elles sont soumises est environ dix mille fois plus faible que la pression atmosphérique normale. Cette faible surpression a été mesurée en 1958.

L'effet Casimir nous apporte davantage qu'une simple confirmation de plus de notre image du vide quantique : il nous indique l'existence de densités d'énergie négative. L'état de vide quantique est, par définition, l'état d'énergie nulle. Quand on y ajoute les plaques de Casimir, certaines particules virtuelles ne peuvent plus y être créées : la densité d'énergie y devient donc plus faible que zéro, c'est-à-dire négative. Au moment de Planck, les particules de matière ou les champs de gravitation ont pu jouer le rôle des plaques de Casimir. Les régions de densité négative ainsi créées auraient entraîné une *répulsion* gravitationnelle au lieu d'une attraction. C'est par ce biais que les cosmologues espèrent que la nature attractive de la gravitation puisse être inversée et les conclusions des théorèmes de la singularité rejetées.

La création de particules

Le dernier phénomène le plus fascinant qui puisse se produire au moment de Planck est la création spontanée de particules *réelles* (et non plus virtuelles). En 1951, Julian Schwinger prédit que si l'on applique une tension élevée entre les plaques de Casimir, en créant ainsi un fort champ électrique, il est possible de transformer les particules virtuelles en particules réelles et détectables. Si le champ électrique est très fort, les deux particules composant une paire virtuelle une fois séparées, sont soumises à de telles forces opposées que leur trajectoire est altérée au point qu'elles ne se rencontrent plus pour s'annihiler : elles deviennent alors réelles et observables. Aucune violation du principe de conservation de l'énergie n'est observée, car l'énergie nécessaire pour créer les paires est fournie par le champ électrique. Ce phénomène a aussi été vérifié expérimentalement en laboratoire.

Un effet semblable est attendu au moment de Planck, non pas créé par un champ électrique mais par le champ de gravitation intense. A cette époque, les paires virtuelles apparaissent dans un milieu de densité gigantesque baigné par un super-champ de gravitation qui varie fortement d'un endroit à l'autre : chaque membre de la paire ressent des forces gravitationnelles légèrement différentes en son voisinage. De nouveau, cela les empêche de s'annihiler deux à deux et les paires deviennent réelles au dépend de la non-uniformité du champ de gravitation intense. Il est possible que ce processus soit à l'origine de l'aspect en moyenne homogène de l'univers : la création de particules a

Les origines

pu contribuer à lisser les irrégularités natives au moment de Planck.

L'évaporation des trous noirs

En 1974, Stephen Hawking montra comment nous pourrions éventuellement être témoin de la production gravitationnelle de particules dans l'espace. Il calcula que ce même processus de création de paires virtuelles a lieu aux frontières, c'est-à-dire à l'horizon, d'un trou noir : si l'un des membres de la paire pénètre sous l'horizon, l'annihilation ne peut plus avoir lieu et l'autre particule s'échappe dans l'espace comme une particule réelle, laissant le trou noir légèrement moins massif qu'auparavant (voir Figure 2.6).

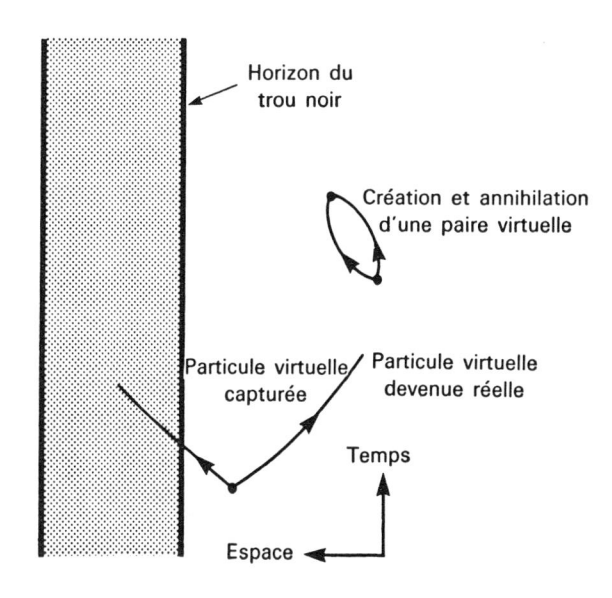

Figure 2.6. *Particules virtuelles près d'un trou noir.*

La main gauche de la création

Plus la courbure de l'horizon du trou noir est forte, plus l'effet sera prononcé. Puisque le rayon d'un trou noir est proportionnel à sa masse, les trous noirs les plus petits et les moins massifs ont les horizons de plus forte courbure. L'effet à long terme du processus de Hawking est assez étonnant : *le trou noir s'évapore progressivement.* Les trous noirs quantiques ne sont pas complètement « noirs ». A mesure que le processus suit son cours, la masse du trou noir diminue, la courbure de son horizon devient de plus en plus forte et, en retour, la création de particules est accélérée : le trou noir finit par disparaître en explosant, laissant (peut-être!?) une singularité nue de l'espace-temps en son centre. Hawking calcula qu'un trou noir de masse 10^{14} g, soit la masse d'une petite montagne, avec un diamètre de l'ordre de la dimension d'un noyau atomique, 10^{-13} cm, mettrait quinze milliards d'années à s'évaporer, soit approximativement l'âge de l'univers. De tels trous noirs seraient ainsi aujourd'hui dans la phase finale explosive de leur évaporation.

Ces trous noirs miniatures ne pourraient pas se former dans les conditions actuelles de l'univers, où les forces de gravitation sont relativement faibles. C'est seulement dans les premières 10^{-23} secondes de la vie de l'univers que ces forces étaient suffisamment grandes pour comprimer la matière en un trou noir de cette taille. Les astronomes ont cherché à découvrir ces explosions spectaculaires de minis trous noirs mais n'en ont pas encore observé jusqu'à présent. Tout ce que nous pouvons dire aujourd'hui, c'est que si de telles explosions ont lieu, moins d'un million d'entre elles se déroulent dans chaque dizaine d'années de lumière cubes de l'espace explorée chaque année. Si l'explosion d'un trou noir était observée en astronomie radio ou rayons X (s'il en survenait une localement, elle serait faible à observer), ce serait une des plus grandes découvertes scientifiques jamais faites. A cet instant, nous pourrions observer un phénomène de gravitation quantique qui, en quelque sorte, reproduirait le « big bang » en miniature et laisserait à nu une singularité de

Les origines

l'espace-temps. Nous pourrions examiner un fossile cosmique qui aurait survécu depuis les premières 10^{-23} secondes de la vie de l'univers.

L'univers cyclique

Tous ces phénomènes nouveaux et exotiques, fruits du mariage de la mécanique quantique et de la gravitation, permettent de rejeter la singularité du « big bang » de façon subtile. Mais il est également possible que la singularité du « big bang » soit préservée et même renforcée par un modèle quantique plus exact. Les premiers modèles cosmologiques quantiques naïfs ne disent encore rien de précis à ce sujet; certains évitent la singularité, d'autres non. Progressivement, à mesure que notre savoir et notre ingéniosité se développeront, nous pouvons nous attendre à ce que le nombre de modèles cohérents possibles s'amenuisent. Une des possibilités existantes qui vient le plus naturellement à l'esprit du lecteur est celle d'un univers fermé et cyclique, poursuivant une séquence périodique et indéfinie d'expansions et de contractions.
Un tel modèle ne peut avoir un sens que dans le cadre de la cosmologie quantique. Les théorèmes de la singularité interdisent absolument à quoi que ce soit de ré-émerger d'une singularité, tout comme l'évasion d'un trou noir est impossible. Cependant, toute particule qui n'atteint pas la singularité peut passer indemne d'une contraction à une expansion de l'univers. Supposons un tel modèle d'univers possible. Ne pourrions nous pas vivre dans un fragment d'une série éternelle de cycles? Aussi séduisante que soit cette idée, elle est malheureusement gâchée par la tendance du rayonnement résiduel à s'accumuler à chaque nouveau cycle. L'accroissement de pression résultant tendrait à rendre

chaque cycle un peu plus grand que le dernier (voir Figure 2.7). L'expansion acquerrait ainsi de plus en plus d'irrégularité chaotique à chaque nouveau cycle.

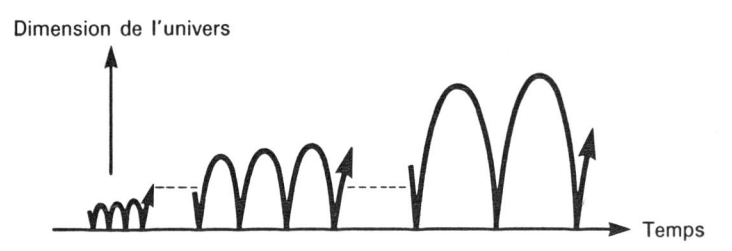

Fig. 2.7. *Univers cyclique.* Chaque cycle d'oscillation de l'univers est un peu plus grand que le précédent à cause de l'accroissement régulier du contenu de chaleur accumulé à chaque cycle.

Il ne semble pas que nous vivions dans un univers qui ait hérité d'une telle structure insolite de ses prédécesseurs, mais le champ reste ouvert aux spéculations. Pour conclure, si l'univers cyclique semble condamné à rester encore longtemps dans le domaine de la science-fiction, n'oublions pas que la réalité est quelquefois plus étrange que la fiction.

3
LA CRÉATION

L'UNIVERS à ses débuts était un éden pour le physicien des particules élémentaires, mais c'est aujourd'hui un paradis perdu. L'univers s'est dilaté et refroidi. Les symétries de haute énergie se sont brisées et dissimulées, les particules exotiques se sont évanouies en laissant çà et là quelques traces d'un passé radicalement différent du présent.

Les forces de la nature

Aujourd'hui, le monde exhibe une vaste panoplie de forces. L'attraction due à la gravité terrestre est la plus familière, mais il existe aussi des forces d'attraction et de répulsion magnétiques, des forces d'adhérence et de friction, des forces électrostatiques, des forces explosives et enfin des

La main gauche de la création

forces musculaires : celles-ci font toutes plus ou moins partie de la vie quotidienne. Nous connaissons aussi les forces de gravitation célestes qui provoquent les marées et dirigent les orbites de la Terre, de la Lune et des autres planètes. Il y a finalement les puissantes forces nucléaires qui fournissent à la fois de vastes sources d'énergie, des armes de destruction et, ironiquement, l'énergie solaire. A l'échelle humaine, nous ne sommes sensibles qu'aux conséquences les plus manifestes de ces forces. Leurs effets sont si différents que leurs origines nous semblent tout à fait distinctes. En apparence, le magnétisme ne paraît pas avoir de rapport avec la lumière, ni l'électricité de liens avec les explosions nucléaires.

Le but des physiciens a toujours été de découvrir les explications les plus simples aux forces naturelles dans leurs manifestations diverses et variées. Au cours de leurs investigations de plus en plus approfondies, le nombre de catégories distinctes de force s'est régulièrement amenuisé.

Jusqu'à il y a environ quinze ans, les interactions *faible, électromagnétique, forte* et *gravitationnelle* apparaissaient aux physiciens comme fondamentalement distinctes. Avec ces interactions, ils disposaient des éléments leur permettant d'expliquer le monde observable. Toutes les forces apparentes rencontrées dans le vaste domaine de la Terre à l'espace, sont des formes déguisées de ces quatre forces fondamentales. Encore à présent, ces quatre types de forces paraissent tout à fait distinctes : elles possèdent des intensités et des portées très différentes et agissent sur différentes catégories de particules, à l'unique exception de la gravitation qui agit sur tout. De telles évidences semblent plutôt défavorables aux tentatives de réaliser une théorie complètement unifiée des forces fondamentales, entreprises par de grands physiciens comme Einstein et Eddington. Einstein consacra les quarante dernières années de sa vie à chercher une description de la gravitation et de l'électromagnétisme qui en aurait fait deux manifestations différentes de la même interaction fondamentale. Ses recherches n'aboutirent à rien. Nous savons main-

La Création

tenant, avec le bénéfice du recul, qu'Einstein avait fait le plus mauvais choix possible de candidats dans sa quête de l'unification.

La gravitation est une force à part. Par rapport aux trois autres, c'est la seule pour laquelle il n'a pas encore été possible, ni de lui appliquer la théorie quantique, ni de l'introduire dans cette dernière. Les interactions *forte, électromagnétique* et *faible* sont plus apparentées l'une à l'autre et sont toutes décrites par des théories quantiques. C'est à travers leur étude approfondie que l'on commence à entrevoir depuis peu une certaine unité face à la diversité du monde subatomique. Les physiciens ont réalisé que la nature avait dissimulé l'unité entre ces trois forces, et peut-être même entre les quatre, d'une manière bien particulière qui consiste à rendre leur intensité dépendante de l'environnement dans lequel elle est mesurée. Cela ne signifie pas que les constantes fondamentales qui spécifient l'intensité intrinsèque de ces interactions varient dans l'espace et le temps, mais que l'intensité de leurs *effets* varie avec la température à laquelle elle est mesurée.

Les êtres humains sont faits à partir de fragiles molécules d'A.D.N. qui ne peuvent exister que dans un monde relativement froid; c'est pourquoi dans notre expérience quotidienne, nous n'observons que le comportement des forces fondamentales aux températures relativement basses compatibles avec la biologie. Si, comme nous allons le voir, nous avions pu être témoins des conditions extrêmes d'énergie et de température qui régnaient au début de l'univers, nous en aurions tiré des conclusions tout à fait différentes sur la structure ultime des forces de la nature. Quelle serait exactement la différence? En imaginant quelques simples expériences de pensée, nous pouvons démasquer quelques-unes des ruses employées par la nature.

La main gauche de la création

Le vide

L'intensité de la force électromagnétique est déterminée par la charge électrique de l'électron, unité fondamentale de charge électrique. Imaginons deux électrons A et B s'approchant l'un de l'autre. Dans un monde sans mécanique quantique, l'électron B est repoussé par A avec une force dont l'intensité dépend des deux charges, tout comme deux pôles nords magnétiques se repoussent lorsqu'ils sont rapprochés l'un de l'autre. L'intensité de la force de répulsion ne dépend pas de l'énergie de l'électron B qui s'approche. En théorie quantique, il faut considérer les choses tout autrement, en particulier l' « espace vide » qui entoure l'électron A.

Nous avons déjà rencontré la notion de vide quantique au chapitre 2. Nous définissons habituellement le vide par l'absence de tout objet, mais la théorie quantique rend une telle définition rigide tout à fait absurde d'un point de vue opératoire. Comme nous l'avons vu, le principe d'incertitude de Heisenberg dit que nous ne pouvons connaître la position et la vitesse d'une particule qu'avec une précision limitée prescrite par la constante universelle de Planck. Ainsi, nous ne pouvons affirmer qu'il n'y a *absolument* ni particule, ni quantum de rayonnement dans une région donnée. Il est impossible d'avoir un vide complètement « vide » au sens de la définition classique. En réalité, des paires de particules de charges opposées apparaissent spontanément et disparaissent par annihilation, si rapidement qu'elles ne peuvent pas être mesurées directement à cause du veto imposé par le principe d'incertitude. Le vide quantique est ainsi caractérisé par une mer d'agitation incessante créée par ces paires virtuelles, dont l'effet sur les atomes peut être détecté expérimentalement (voir chapitre 2 *Le vide quantique*).

Revenons maintenant à nos deux électrons. L'espace entourant A n'est pas complètement vide mais rempli d'une

La Création

mer de paires virtuelles composées d'autres électrons et d'anti-électrons, appelés positons, dont aucun n'est directement observable. Les paires sont aussi accompagnées de photons, mais comme ces derniers ne portent pas de charges électriques, ils ne perturbent pas la distribution des électrons et des positons et nous pouvons négliger leur présence. Maintenant, puisque les charges électriques de signe opposé s'attirent, les électrons et les positons ont tendance à se répartir d'une certaine manière : les positons virtuels chargés positivement tendent à se rapprocher de l'électron central en A tandis que les électrons virtuels tendent à s'en éloigner. Cette migration et ségrégation des charges est appelée *polarisation du vide* (voir figures 3.1 a et 3.1 b).

Rencontre entre électrons

Quand l'électron B s'approche de A, il ne voit plus la charge électrique « nue » en A, mais une charge légèrement réduite par l'effet d'écran des charges virtuelles de signe opposé. La force avec laquelle B est repoussé dépend maintenant de sa vitesse d'approche. Si B s'approche de A avec une très grande vitesse, il pénètre le nuage de charges d'écran et arrive tout près de la charge nue en A avant d'être repoussé. Si par contre B s'approche lentement, il pénètre à peine le nuage d'écran et ressent donc une force répulsive moindre, car une partie de la charge centrale en A reste compensée par les charges virtuelles positives. L'intensité effective de l'interaction dépend de l'énergie de la charge. La force électrique semble plus intense aux particules qui arrivent avec une grande vitesse, c'est-à-dire avec une haute température ou une énergie importante. Celles-ci pénètrent suffisamment près de A pour ressentir la force entière exercée par A à très faible distance entre les charges.

La main gauche de la création

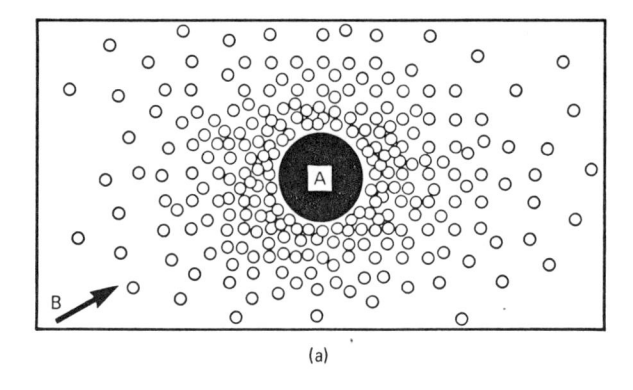

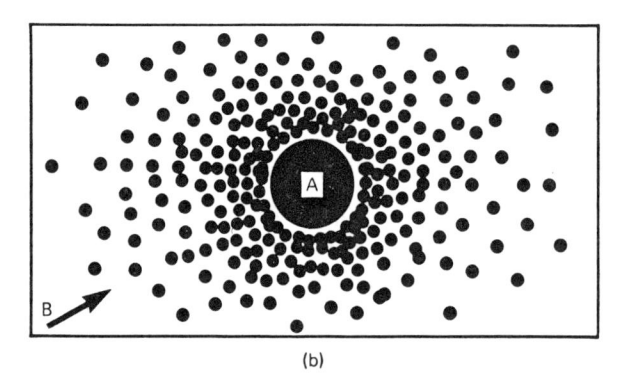

(a)

(b)

Figure 3.1. *La polarisation du vide*. (a) une charge électronique en A est entourée par un nuage de charges virtuelles de signe opposé; (b) un quark coloré en A est entouré par une prédominance de quarks et de gluons de même couleur qu'en A.

Considérons un exemple plus imagé : supposons que nous prenions deux boules de billard et que nous les enveloppions d'un épais rembourrage de laine. Si ces balles duveteuses sont projetées l'une contre l'autre, l'intensité de leur choc et l'extension de leur rebond diffèrent complètement suivant la vitesse de collision. Si les boules s'entrechoquent lentement, leurs noyaux ne se touchent pas et en conséquence, elles ne connaissent qu'un faible rebond à travers l'interaction de leur garniture laineuse. Si elles se rencontrent à grande vitesse, les noyaux rentrent en contact malgré la garniture de laine et les boules rebondissent fortement.

Ces considérations montrent pourquoi l'intensité effective de la force électromagnétique dépend de la température à laquelle elle est mesurée. Plus les rencontres s'effectuent à haute énergie, plus l'intensité de l'interaction s'accroît. Dans le domaine des variations d'énergie rencontrées sur Terre, l'effet est minime : par exemple, pour une variation de 1 à 10 fois l'énergie équivalente de la masse au repos du proton, la charge électrique effective de l'électron s'accroît d'un facteur 1,007.

La couleur

Il est possible de développer des considérations similaires à propos de l'intensité des interactions faible et forte. Néanmoins, il y a une différence profonde. La tendance qui s'ensuit est complètement opposée : plus l'énergie de ces interactions est élevée, plus leur intensité *décroît*. Pour comprendre comment cela se passe, imaginons l'interaction forte entre deux particules subnucléaires identiques, ou *quarks*, A et B. Les protons et les neutrons sont composés de trois de ces quarks (nous en dirons un peu plus à leur sujet dans le prochain paragraphe). A la différence des électrons, ils ont une propriété appelée la *couleur* qui détermine l'intensité de l'interaction forte qui s'exerce entre eux. (Cette « couleur » est une appellation attribuée à une propriété propre au quark, qui existe en trois variétés, mais n'a rien à voir avec la couleur au sens traditionnel du terme déterminée par la longueur d'onde de la lumière absorbée). L'interaction forte n'agit que sur les particules colorées et est quelquefois appelée force de couleur. On pourrait croire qu'il se passe exactement la même chose avec nos deux quarks qu'avec les deux électrons interagissant, c'est-à-dire l'apparition d'une mer de paires virtuelles quark-antiquark qui se répartissent de façon à écranter la charge de couleur en A pour le quark B s'approchant. Bien que cela se produise effectivement, ce n'est pas le fin mot de l'histoire...

Les interactions électromagnétiques entre les deux électrons sont transmises par des photons, qui ne portent pas de charge électrique. Quand les photons apparaissent conjointement avec les paires virtuelles électron-positon, ils ne perturbent pas la distribution globale de charges électriques. Cependant l'interaction forte entre quarks est différente. Le rôle de médiateur du photon est tenu dans ce cas par une particule appelée le *gluon*. Le gluon médiateur diffère du photon sur un point très important : comme les quarks, il possède une charge de couleur et quand les gluons virtuels apparaissent avec les paires virtuelles quark-antiquark, ils affectent la distribution de charges de couleur autour de A. Les gluons ont pour effet d'entourer A d'un nuage de charges de couleur du même type qu'en A, qui disperse l'influence de la charge centrale sur une région plus étendue. Une charge dispersée diffuse beaucoup plus faiblement une particule de même charge qui s'approche qu'une charge compacte : il est clair que le rôle des gluons est d'affaiblir l'intensité de l'interaction entre A et B lorsqu'ils deviennent très proches, soit un effet complètement contraire à celui créé par les paires virtuelles quark-antiquark polarisées.

Nous sommes donc en présence d'une franche compétition entre l'effet d'écran des quarks et l'effet contraire des gluons. Qui en sort vainqueur ? c'est l'effet de contre-écran des gluons. L'expérience montre que l'interaction entre les quarks devient de plus en plus faible lorsque ceux-ci se rapprochent de plus en plus près. Cela est confirmé par la théorie, bien qu'elle prédise aussi l'existence de types de

La Création

quarks inconnus qui augmenteraient la polarisation du vide. Actuellement, il semble plus logique de s'appuyer sur les résultats expérimentaux pour rejeter l'existence de ces nouveaux membres inconnus de la famille des quarks.

Cette découverte est fort peu commune : plus l'énergie ou la température s'accroissent plus l'intensité des interactions fortes diminue, tout cela parce que les gluons qui la transmettent portent une charge de couleur. Les interactions faibles sont aussi transmises par des particules qui portent une charge faible, le fameux boson W découvert récemment au CERN à Genève, et il en résulte un effet identique : les interactions faibles diminuent également à haute énergie.

La liberté asymptotique

Nous commençons à percevoir comment et à quel moment l'unification des forces de la nature pourrait se produire. Puisque les intensités effectives des interactions varient avec l'énergie, en se dirigeant vers un environnement de très haute énergie nous pouvons nous attendre à leur convergence vers une valeur unique (voir Figure 3.2). La figure montre les variations théoriques des intensités effectives avec la température : nous voyons qu'elles se rencontrent effectivement pour une énergie très élevée. Sa valeur est d'environ 10^{14} GeV (1 GeV = $1,6 \times 10^{-10}$ joule) et correspond à une température de 10^{27} kelvins. Aucun thermomètre connu n'est capable de mesurer une telle température. Cette énergie est considérablement plus grande que toutes les valeurs obtenues sur Terre, qui jusqu'à présent ne dépassent pas 10^3 GeV. Le seul site dans l'univers où l'on peut trouver de telles énergies correspond aux premiers instants du « big bang » et c'est à cette époque qu'émergent les conséquences les plus dramatiques de cette grande unification des trois forces de la nature.

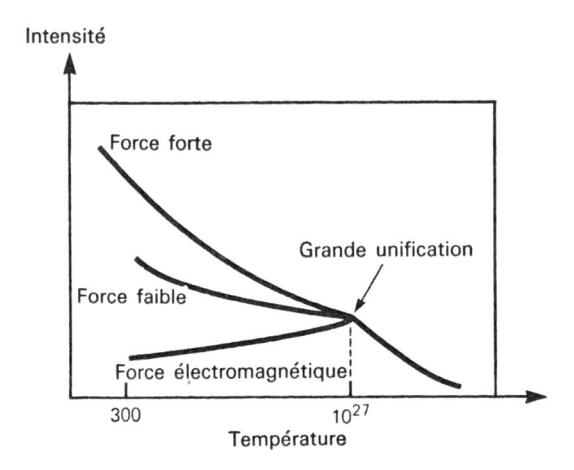

Figure 3.2. Variation de l'intensité des forces naturelles avec la température. Dans les théories de la grande unification les interactions faible et forte décroissent avec la température tandis que l'interaction électromagnétique s'accroît. Elles ont toutes la même intensité pour des températures supérieures à 10^{27} kelvins.

Avant d'aller plus loin dans l'investigation des ramifications extraordinaires de cette unification, il est bon de s'arrêter pour examiner plus en détail ce que signifie la diminution de l'interaction entre quarks à haute énergie. Cette propriété que possède cette interaction de devenir de plus en faible à haute énergie quand la séparation entre quarks est très petite s'appelle *la liberté asymptotique*. Ce terme exprime l'idée que lorsque les énergies deviennent indéfiniment grandes, les quarks ne ressentent plus aucune force : ils se comportent alors comme des particules complètement libres.

La liberté asymptotique rappelle en quelque sorte les forces élastiques. Si les extrémités d'un élastique sont étirées sur une longueur de plus en plus grande, la force qui tend à

La Création

les rapprocher devient de plus en plus intense, mais si ces dernières sont ramenées l'une près de l'autre , la force s'évanouit. On peut imaginer les paires de quarks reliées par des « ressorts » de gluon, dont la tension augmente lorsque les quarks s'écartent. Quand les quarks sont très proches l'un de l'autre, la tension du ressort est minimale et ils se comportent comme s'ils étaient libre : c'est la liberté asymptotique.

    La question qui se pose alors est la suivante : que se passe-t-il lorsque l'on essaye de séparer les quarks sur une grande distance? Assurément la force de tension deviendra de plus en plus grande. L'opinion actuellement en vigueur chez la majorité des physiciens des particules est que les quarks ne peuvent jamais être séparés sur de grandes distances. Ceux-ci et leurs charges de couleur sont « confinés » par la force de tension qui s'exerce entre eux. Une des conclusions les plus dramatiques de cette prédiction est l'impossibilité de trouver aujourd'hui dans la nature des quarks « colorés » ou des gluons libres. Ils se doivent de résider à l'intérieur des nucléons ou des autres hadrons, liés entre eux par leurs ressorts de gluon. Les protons et les neutrons sont semblables à des sacs aux parois élastiques comme des ballons. Les trois quarks qui se trouvent à l'intérieur ne ressentent aucune force tant qu'ils n'essayent pas de s'échapper, dans le cas contraire, ils heurtent la paroi et rebondissent. Ce comportement semble assez étranger à notre intuition. Pourquoi ne pouvons-nous pas tirer le ressort de gluon liant un quark et un anti-quark avec une énergie suffisante pour le rompre? Cela est possible, mais l'énergie « élastique » relâchée par la rupture du ressort est juste suffisante pour engendrer deux nouveaux quarks qui se lient aux premiers par de nouveaux ressorts de gluon. Nous ne sommes pas près de libérer un quark. C'est comme si l'on cherchait à libérer un pôle magnétique individuel en cassant un aimant en deux : nous obtenons toujours deux nouveaux aimants (voir Figure 3.3). La plupart des physiciens de particules pensent donc que les quarks ne peuvent pas exister à l'état isolé et

La main gauche de la création

qu'ils sont inexorablement piégés à l'intérieur de particules comme les protons, neutrons et mésons. Cependant, depuis quelques années, un groupe de physiciens de l'université de Stanford dirigé par William Fairbank proclame avoir trouvé des particules isolées qui, comme les quarks, possèdent des charges électriques exactement égales à 1/3 ou 2/3 de la charge de l'électron. Mais jusqu'ici, aucune autre expérience n'a pu apporter une confirmation de ces résultats. Il n'est pas impossible que Fairbank ait découvert de nouvelles particules de charge fractionnaire dont l'existence reste encore insoupçonnée par les théoriciens de la physique. Mais s'il a vraiment découvert des quarks individuels isolés, la physique des particules devra être entièrement repensée.

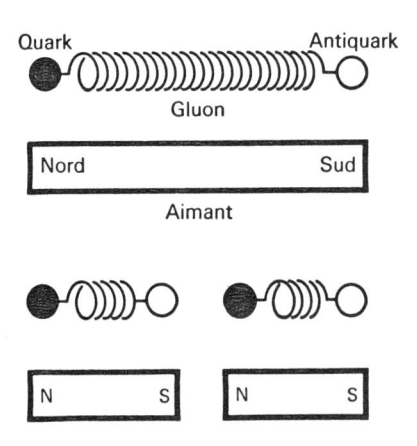

Figure 3.3. *L'analogie entre les quarks et les aimants.* La rupture d'un ressort de gluon libère assez d'énergie pour produire spontanément une nouvelle paire de quark-antiquark, de la même manière que la rupture d'une barre aimantée crée une nouvelle paire de pôles magnétiques.

La Création

La grande unification

Quel est le rapport de tout cela avec la cosmologie ? Nous avons soutenu jusqu'ici que le comportement affiché aujourd'hui par les interactions forte, faible et électromagnétique dans nos laboratoires n'est pas celui auquel nous pourrions nous attendre aux premiers stades de l'histoire de l'univers. L'intensité de ces forces dépend fortement de la température de l'environnement dans lequel elles agissent. Par rapport à l'époque du « big bang », nous vivons dans un monde vraiment très froid, c'est pourquoi le comportement de la matière aujourd'hui est très différent de ce qu'il a été autrefois juste après la naissance de l'univers.

Cet état de fait nous ouvre des perspectives grandioses : malgré l'incapacité de nos accélérateurs de particules à atteindre les températures et énergies gigantesques nécessaires pour explorer les événements qui entourent l'époque de la grande unification, nous pouvons développer les conséquences cosmologiques de cette théorie et en tester la validité vis-à-vis des observations astronomiques. Nous pourrions alors envisager l'unification globale de nos connaissances de la nature, vaste synthèse du microcosme et du macrocosme.

La propriété de liberté asymptotique est une aubaine pour le cosmologue. Elle signifie qu'aux énergies de plus en plus élevées, les interactions entre particules élémentaires deviennent de plus en plus faibles : les conditions extrêmes de l'environnement du « big bang » sont ainsi amenées à la portée de notre compréhension. Si, au contraire, les interactions devenaient de plus en plus fortes aux hautes températures, nous nous trouverions face à une situation d'une indescriptible complexité à l'approche des premiers moments cosmologiques.

Encouragés par la découverte de ce chemin des hautes énergies, allons le plus loin possible vers le commencement de l'univers et voyons où cela nous mène.

La main gauche de la création

Notre image de l'évolution primordiale de l'univers est inspirée par nos découvertes récentes en physique des particules. Son étude commence au premier instant intelligible, le moment de Planck, quand la température atteint 10^{32} kelvins et qu'il existe une complète symétrie entre les interactions forte, faible et électromagnétique dont les intensités sont alors complètement identiques. A mesure que l'univers se refroidit, les interactions deviennent distinctes en intensité et en portée. Après environ 10^{-35} seconde, quand la température est tombée à 10^{27} kelvins, l'interaction forte est la première à se distinguer. Beaucoup plus tard, après environ 10^{-11} seconde, les forces faible et électromagnétique se séparent et apparaissent telles que nous les connaissons aujourd'hui (voir Figure 3.4).

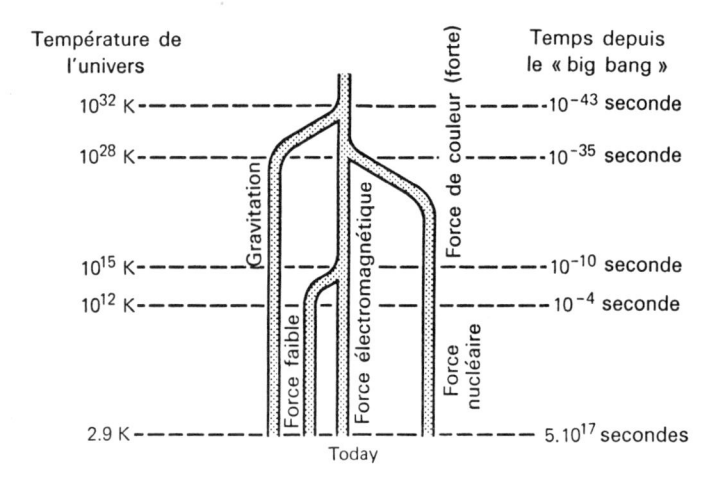

Figure 3.4. *La symétrie brisée*. Les différentes forces de la nature deviennent dissemblables à mesure que l'univers évolue et se refroidit.

Jusqu'ici nous n'avons vu que l'aspect quantitatif des différences entre la physique de l'univers primordial et celle d'aujourd'hui, c'est-à-dire comment l'intensité des différentes forces avait changé au cours de l'évolution de l'univers.

La Création

Cependant les différences les plus intéressantes appartiennent au domaine du qualitatif, concerné par l'évolution des catégories de particules existantes et de leurs interactions. Rappelons qu'à côté des différentes intensités des forces de la nature, il existe une autre barrière superficielle à leur unification : les différentes catégories de particules élémentaires sur lesquelles chacune agit. Dans le monde de basse énergie de nos laboratoires, l'interaction forte régit le comportement des particules élémentaires qui, comme les quarks et les gluons, possèdent la propriété de couleur. Les interactions faible et électromagnétique agissent sur une catégorie différente de particules : les leptons (du mot grec signifiant « mince », choisi en raison de la légèreté de leur masse en général), incluant l'électron et les différents neutrinos. Le neutrino a reçu son nom du physicien italien Enrico Fermi qui l'a défini comme un « petit neutron » : sans charge électrique comme le neutron, mais beaucoup plus léger et peut-être presque sans masse; nous reparlerons ultérieurement de ses propriétés.

Les leptons ne sont pas sensibles à l'interaction forte parce qu'ils ne possèdent pas la propriété de couleur. La couleur, comme la charge électrique, est une quantité conservative; la valeur totale de la couleur possédée par un groupe de particules reste constante au cours d'une interaction, même si le nombre de particules colorées varie. Pour cette raison, il n'est pas possible à basse énergie de transformer des quarks colorés en leptons sans couleur, et vice versa. Pour réaliser l'unification de ces différentes interactions de la nature, il faut recourir à un intermédiaire qui possède la propriété de couleur.

Les particules X

Le médiateur coloré de la transformation quark-lepton existe dans les théories unifiées : il est appelé boson X. Le

La main gauche de la création

boson X est une particule comme le photon, mais extrêmement massive et nécessitant de gigantesques quantités d'énergie pour être créée. La raison pour laquelle nous voyons les interactions forte et électromagnétique agir sur différentes classes de particules dans un laboratoire provient de nos conditions expérimentales de très basses température et d'énergie : dans ces conditions, il est hautement improbable qu'une particule X puisse être créée. Ce n'est seulement qu'en présence d'une abondante quantité de ces particules que nous pourrions voir l'unification des quarks et des leptons. Parce que le boson X possède à la fois la couleur et la charge électrique, il est possible d'équilibrer les comptes de ces quantités au bilan d'une transformation de quarks en leptons. L'énergie nécessaire pour créer un boson X est environ 10^{15} fois plus grande que l'énergie pour créer un proton; comme on peut s'y attendre, elle représente aussi l'énergie pour laquelle les interactions forte, faible et électromagnétique deviennent d'intensité égale. A l'époque où l'agitation thermique de l'univers dépassait cette valeur, c'est-à-dire au-delà de 10^{27} kelvins, la profusion de bosons X engendrait une transmutation continue entre quarks et leptons. Pendant cette ère si particulière de l'univers qui dura jusqu'à 10^{-35} seconde, l'intensité et l'objet des différentes interactions étaient totalement indistincts.

Ensuite l'univers se dilata et se refroidit : les bosons X disparurent progressivement et les intensités des différentes forces évoluèrent à différents rythmes. L'univers passa d'un état parfaitement symétrique où toutes les forces de la nature étaient identiques à un état d'asymétrie où différentes forces agissent exclusivement sur différentes classes de particules séparées. Avant d'éclairer le rôle dramatique peut-être joué par les bosons X dans la création de l'univers, nous allons aborder un sujet assez étrange : l'antimatière.

La Création

L'antimatière

En 1927, le physicien anglais Paul Dirac prédit qu'il devait exister une sorte d'image dans un miroir des particules de matière ordinaire afin d'assurer la stabilité de celles-ci. Cette forme complémentaire de la matière, appelée antimatière, possède des valeurs égales et opposées des différents nombres caractéristiques associés aux particules élémentaires. Pour l'électron avec sa charge électrique unitaire négative, il existe une *positon* de masse égale, mais de charge unitaire positive. De la même façon, pour le proton, il existe un antiproton de charge négative. Cinq ans après la prédiction de Dirac, un positon fut détecté dans son laboratoire par Carl Anderson et finalement, en 1955, Owen Chamberlain et Emilio Segre à Berkeley observèrent un antiproton. Aujourd'hui les antiparticules sont observées quotidiennement dans les expériences de physique des hautes énergies. Mais en dépit de la facilité avec laquelle les antiparticules peuvent être produites artificiellement, il demeure un grand mystère cosmologique : pourquoi n'observons nous jamais d'antimatière dans l'espace ? Le système solaire ne contient pas d'antiplanètes; ni les étoiles ou galaxies proches ni la matière diffuse interstellaire ne sont faites d'antimatière. S'il en était ainsi, l'annihilation de la matière à la rencontre de l'antimatière provoquerait un flux de rayonnement gamma nettement détectable. Or aucune source prolifique de rayon gamma n'est observée; le flux de rayonnement gamma dans l'univers est extrêmement faible, ce qui témoigne de la rareté de l'antimatière dans l'espace. Pourquoi existe-t-il un favoritisme cosmique aussi manifeste pour la matière par rapport à l'antimatière dans l'univers ?

Traditionnellement, il n'a été donné que deux réponses à cette question embarrassante. Pour les comprendre, nous devons d'abord comprendre pourquoi la question est embarrassante. Il existe une loi fondamentale de la nature, élégante

La main gauche de la création

et précise, concernant le déséquilibre relatif entre matière et antimatière dans un système physique isolé. Considérons un ensemble de baryons, particules du type des protons et des neutrons, et leurs antiparticules; assignons les nombres + 1 à chaque particule et − 1 à chaque antiparticule. Maintenant prenons la somme totale des nombres du système : le résultat est appelé le nombre baryonique. (Les leptons ne possèdent pas de nombre baryonique). Ces particules peuvent interagir, se transmuer, se desintégrer : pourvu que nous assignions une valeur + 1 ou − 1 aux membres du système à tout instant et totalisions la somme, nous constatons que le nombre baryonique reste toujours identique. C'est un pur exemple de ce que les physiciens appellent une loi de conservation (d'autres exemples de quantités conservées sont l'énergie totale du système et la charge électrique). Or, si le nombre baryonique est vraiment une quantité conservée, le nombre baryonique total très élevé attribué à l'univers (on observe au moins 10^4 particules de valeur + 1 pour chaque antiparticule de valeur − 1 dans l'espace) a été fixé au commencement des temps, pendant le « big bang ». Aucun phénomène physique n'a pu en modifier la valeur par la suite : il y a toujours eu prédominance de la matière sur l'antimatière et aucune de nos théories ne peut expliquer pourquoi; ce serait une propriété initiale de l'univers.

Favoritisme cosmique

Pour le physicien, c'est une conclusion peu séduisante. Non seulement ce rapport de prédominance s'impose comme une caractéristique immuable et inexplicable de l'univers, mais sa valeur élevée pose problème. En effet, nous pouvons la considérer sous un autre point de vue : le fait qu'aujourd'hui nous observons en moyenne environ deux milliards

La Création

de photons pour chaque proton dans l'univers, signifie qu'au moment du « big bang », il est apparu en moyenne un milliard et un protons pour chaque milliard d'antiprotons. Les antiprotons se sont annihilés avec leur milliard de partenaires pour créer environ deux milliards de photons pour chaque proton restant. Quant à faire des hypothèses particulières sur le début de l'univers, il serait plus satisfaisant de supposer l'égalité absolue entre le nombre de particules de matière et d'antimatière plutôt que 1 000 000 001 particules pour chaque 1 000 000 000 antiparticules.

Beaucoup d'astrophysiciens ont défendu l'idée que le nombre baryonique réel de l'univers est nul, soit une symétrie totale entre matière et antimatière. Pour expliquer pourquoi dans notre entourage nous voyons un monde presque exclusivement fait de matière, nous devons faire appel à une distribution extrêmement inhomogène de la matière et de l'antimatière dans l'univers. Certaines parties de l'univers seraient faites entièrement de matière et d'autres, peut-être, entièrement d'antimatière. Évidemment, nous vivons dans une partie du premier type. Malheureusement, cette construction apparemment très séduisante ne résiste pas à l'analyse. L'univers est en expansion : il a donc existé dans le passé un moment où les domaines de matière et d'antimatière auraient été en contact très rapproché; résultat : une annihilation catastrophique.

Un univers qui aurait commencé avec des quantités égales de matière et d'antimatière aurait connu dans les premiers moments de son histoire une annihilation si efficace que l'on trouverait aujourd'hui 10^{18} photons pour chaque proton ou antiproton. Cette prédiction s'écarte de la quantité moyenne de photons réellement observée d'un facteur 10^9. La dissymétrie « cachée » entre matière et antimatière est une caractéristique du monde où nous vivons. L'univers montre un favoritisme évident pour la matière par rapport à l'antimatière.

La main gauche de la création

Une des conséquences les plus spectaculaires de la théorie de la grande unification des particules élémentaires est la solution qu'elle apporte aux deux énigmes précédentes : le déséquilibre matière-antimatière dans l'univers et le nombre magique d'un milliard de photon pour chaque proton, observé aujourd'hui dans l'espace intergalactique. Avant d'examiner cette solution, il nous faut évoquer le rôle non moins spectaculaire joué par le boson X. Non seulement ce rôle est un test de l'existence de cette particule, mais il nous permet aussi d'envisager une violation possible de la loi de conservation du nombre baryonique.

La désintégration du proton

Les protons, dont sont partiellement constitués tous les atomes et les molécules, ne sont pas des particules vraiment élémentaires. Quand des protons s'entrechoquent, ils se comportent comme s'ils étaient constitués d'autres particules. Ces constituants sont les quarks, que nous avons déjà rencontrés précédemment. Un proton contient trois quarks qui portent des nombres baryoniques égaux à + 2/3, – 1/3 et + 2/3 ce qui donne un nombre total de + 1 pour le proton. Rappellons que le boson X est le médiateur des transmutations des quarks en leptons (particules au nombre baryonique nul) et que de telles transformations violent la conservation du nombre baryonique. Il est en fait possible que deux des quarks du proton se désintègrent pour former un électron positif et un antiquark, ce dernier s'apparie avec le troisième quark pour former une particule observable appelée méson pi ou pion. Ce processus est extrêmement rare dans l'univers actuel où l'abondance des bosons X est très faible en raison de la température ambiante trop basse. Mais il survient parfois dans le monde microscopique des fluctuations d'éner-

La Création

gie suffisamment grande pour créer un boson X et provoquer la désintégration d'un proton. Il faut attendre en moyenne 10^{31} ans pour voir un proton isolé se désintégrer de cette façon. A première vue, ce temps démesuré ne semble pas présenter un quelconque intérêt pour l'expérimentation; après tout, l'âge de l'univers n'est que de 10^{10} ans!

Mais les protons existent en quantité tellement importante qu'il est tout à fait possible de détecter ces rares événements. Une tonne d'eau contient assez de protons pour produire, en moyenne, deux désintégrations par mois. Un certain nombre d'expériences ont été montées sur ce principe au fond de mines désaffectées, à l'abri des rayons cosmiques indésirables susceptibles d'atteindre les détecteurs. Dans deux de ces expériences, il semble que des événements présentant les caractéristiques de la désintégration d'un proton aient été observés; dans une troisième, aucun ne l'a été. S'il s'avère que ces désintégrations ont bien été observées, alors tout objet, même le diamant, est périssable, toute matière nucléaire est instable; tout atome finira pas se désintégrer. La durée de vie du proton est tellement élevée qu'il se désintègre en moyenne un proton dans notre corps durant notre vie entière. Si cette durée de vie était raccourcie à 10^{16} ans, soit encore un million de fois l'âge de l'univers, les conséquences biologiques seraient catastrophiques : la désintégration des protons fournirait une dose mortelle de radio-activité en moins d'un an.

Bien que les effets des bosons X soient à peine détectables dans l'univers actuel, ils ont été bien plus rapides et spectaculaires durant les premiers instants du « big bang » où la température alors extrêmement élevée favorisait leur profusion. Puisque ces particules X sont médiateurs de transformations qui modifient l'équilibre matière-antimatière (le nombre baryonique) d'un système, il est possible qu'elles soient précisément à l'origine de la dissymétrie observée dans l'univers actuel.

La main gauche de la création

La création de la matière

Au moment où l'univers est âgé de 10^{-35} seconde, les particules X et leurs antiparticules semblent avoir été produites abondamment en nombre égal. Quelques instants plus tard, les particules X et anti-X (ou $\overline{X}$) commencent à se désintégrer en quarks et en leptons par le même processus qui provoque la désintégration des protons. Cependant, les taux de désintégration des X et des $\overline{X}$ sont différents : il en résulte qu'un nombre initial *égal* de particules X et $\overline{X}$ se désintègre en des nombres *inégaux* de quarks et d'antiquarks. Plus tard, lorsque l'univers s'est assez refroidi, ces quarks se combinent en triplets pour former des protons et des antiprotons. L'excès de quarks par rapport aux antiquarks se manifeste en définitive par un excès de protons par rapport aux antiprotons. L'évolution se poursuit par l'annihilation entre protons et antiprotons, d'où émerge un certain rapport du nombre de photons produits pour chaque proton restant.

La valeur finale de ce rapport dépend de trois quantités seulement. La première est la fraction initiale de l'univers sous forme de particules X et $\overline{X}$, estimée à environ 1 %; la seconde est la différence entre les taux de désintégration des particules X et $\overline{X}$, très difficile à calculer (il se peut qu'un jour ces taux soient mesurés en laboratoire, car cette même différence de taux est probablement responsable de la distribution exacte des charges dans le neutron : malgré son nom, on prévoit qu'il possède une petite différence de charge entre deux quelconques de ses hémisphères); la dernière quantité est un « facteur d'efficacité » qui mesure le rapport entre le taux de désintégration des particules X et le taux d'expansion de l'univers. Le produit de ces trois facteurs prédit que le rapport du nombre de photons par proton se situe quelque part entre 10^4 et 10^{13}, ce qui est compatible avec le rapport 10^9

La Création

observé aujourd'hui. Dans le futur, la précision de cette prédiction devrait être affinée compte tenu des progrès théoriques et expérimentaux.

La prépondérance de la matière sur l'antimatière et la répartition relative entre matière et rayonnement dans l'univers actuel apparaissent comme la conséquence d'événements qui se sont déroulés avant la date de 10^{-35} seconde dans l'histoire de l'univers. La désintégration dissymétrique des particules X et $\bar{X}$ est achevée 10^{-30} seconde après le début de l'expansion. A cet instant, ces particules ont déjà largement contribué à déterminer le destin de l'univers.

Le déséquilibre entre le nombre de quarks et d'antiquarks se retrouve dans le petit nombre de particules matérielles qui ont survécu aux dernières annihilations matière-antimatière et façonné les structures cosmiques que nous voyons aujourd'hui. Il se peut que les processus exotiques qui ont joué un rôle dans l'établissement de cette structure à grande échelle soient en outre capables de produire des effets extrêmement faibles, juste à la limite de sensibilité de nos meilleurs détecteurs de désintégrations des protons. Jamais, jusqu'à une époque très récente, les cosmologues n'auraient rêvé d'un tel coup de fortune.

Le confinement des quarks

Le déséquilibre matière-antimatière s'est établi 10^{-35} seconde après le commencement de l'univers et, par la suite, les quarks et leurs antiparticules se sont progressivement refroidis à mesure que la densité du milieu cosmique diminuait avec l'expansion. Nous pensons que rien d'important ne s'est joué sur la scène cosmique avant que la température ne descende jusqu'à 10^{15} kelvins. Il s'est écoulé alors 10^{-11} seconde et le rideau se lève sur un nouvel acte : la température est devenue si basse que les particules W et Z, analogues des particules X qui servent de médiateurs entre les interactions faible et électromagnétique, ne peuvent plus être créées en quantité abondante. Ces particules maintiennent la symétrie entre les interactions faible et électromagnétique de la même manière que le faisaient les particules X entre les interactions forte et électrofaible, mais elles ne créent aucune dissymétrie matière-antimatière. Dès lors qu'elles disparaissent, les interactions faible et électromagnétique commencent à se montrer différentes. La raison pour laquelle nous considérons la radioactivité et l'électricité comme originaires de forces distinctes provient également de la froideur de l'univers dans lequel nous vivons.

Peu après la disparition des particules W, il survient une transition extraordinaire dans le milieu cosmique. Ce changement transforme le monde riche et fabuleux des particules élémentaires en un monde plus familier de protons et de neutrons, constituants des noyaux atomiques. Quand la température atteint 500 MeV, après une milliseconde d'expansion cosmique, la soupe cosmique de quarks, d'antiquarks et de photons s'épaissit subitement. La température est alors assez basse pour que commence le processus de confinement. Rappelons que les quarks interagissent très faiblement lorsqu'ils sont très proches, mais que lorsqu'ils sont peu énergétiques et écartés l'un de l'autre, une force d'intensité croissante tend à les rapprocher. Après une milliseconde d'expansion, l'univers est assez froid et raréfié pour que les quarks commencent à ressentir ces forces de confinement. Au lieu de continuer à se séparer au rythme de l'expansion, ils s'associent en paires et en triplets par attraction mutuelle. C'est alors que sont matérialisés les protons et les neutrons qui composent le monde qui nous entoure. A ce moment-là, le léger surplus de quarks par rapports aux antiquarks, hérité de l'époque de la grande unification, se traduit par une légère prédominance des protons et des neutrons sur leurs antiparticules. Les antiparticules s'annihilent promptement avec

La Création

leurs partenaires laissant environ un proton et un neutron pour chaque milliard de photons produits par annihilation.

La première seconde

L'univers est maintenant âgé de une milliseconde. Il est rempli de protons et de neutrons baignant dans une mer de neutrinos, d'électrons, de positons et de photons. C'est devenu un monde de particules bien plus familières, mais qui se trouvent toutes dans des états très éloignés de ce que nous connaissons aujourd'hui. Tous les noyaux complexes que nous rencontrons actuellement sont constitués de plusieurs protons et neutrons. Seul l'hydrogène ne possède qu'un seul proton. Si nous voulons rendre compte de l'abondance particulière des différents noyaux dans l'univers, il nous faut évidemment expliquer ce qui détermine l'abondance relative de protons et de neutrons à ce stade de l'expansion.

Jusqu'en 1951, c'était un problème non résolu. Il ne semblait pas que l'image du « big bang » imposât un rapport particulier du nombre de protons au nombre de neutrons; ce nombre paraissait devoir être fixé par hypothèse. C'est alors que Chushiro Hayashi, astrophysicien japonais, fit une découverte importante. Il trouva qu'à partir du moment où les quarks se sont condensés en nucléons jusqu'à ce que l'univers atteigne l'âge d'une seconde, les neutrinos ont joué un rôle directeur fondamental.

Le neutrino a été décrit par certains comme la chose la plus proche de « rien » jamais conçue par les physiciens. Cette description a été inspirée par le fait que le neutrino ne participe pas aux interactions forte et électromagnétique. Il est seulement sensible à l'influence de la gravitation et de l'interaction faible. Les interactions du neutrino avec son environnement sont si faibles qu'en ce moment même, des milliards de ses semblables sont en train de traverser la tête du lecteur sans qu'il en ressente le moindre mal. Pour observer même une fraction infime de la horde de neutrinos qui s'échappent du centre du Soleil, il est nécessaire d'enterrer des détecteurs au plus profond de la Terre : ils traversent alors suffisamment de matière pour qu'il soit possible à quelques-uns d'entre eux de pénétrer dans l'aire de détection, et c'est aussi la seule façon de protéger les détecteurs des myriades d'autres particules cosmiques.

Mais dans la première seconde de l'histoire de l'univers, la température et la densité sont si élevées que même les neutrinos sont soumis à de fréquentes interactions avec d'autres particules. Hayashi comprit que ces interactions, semblables à la désintégration radioactive bêta, avaient résolu pour nous l'énigme du rapport protons-neutrons. Avant l'âge d'une seconde, la température de l'univers est inférieure à 10^{10} kelvins et les neutrinos entremettent la transmutation des protons en neutrons et vice versa. Ces réactions sont tellement rapides par rapport aux rythme de l'expansion globale de l'univers que les nombres de protons et de neutrons restent sensiblement égaux. Tout écart léger entre les populations des deux particules est immédiatement suivi d'un accroissement du nombre de particules en défaut qui rétabli l'égalité. Mais le neutron ($1,67492 \times 10^{-24}$ g) est un petit peu plus lourd que le proton ($1,67266 \times 10^{-24}$ g) et requiert donc un peu plus d'énergie pour être produit. Ainsi, progressivement, à mesure que l'univers se refroidi en se rapprochant de 10^{10} kelvins, les protons deviennent légèrement plus abondant car ils sont plus faciles à faire. Finalement quand la température atteint 10^{10} kelvins, la densité devient trop faible pour que les interactions des neutrinos puissent continuer avec l'expansion de l'univers et les transmutations cessent. Le nombre relatif de protons et de neutrons est fixé et les neutrinos deviennent ces particules pratiquement libres qui traversent l'espace aujourd'hui. Cette

La Création

séquence d'événements détermine de façon précise le nombre relatif de protons et de neutrons disponible dans l'univers primitif.

Une constatation s'impose : la réponse à ce problème ne fait pas intervenir d'événements inconnus du « commencement » de l'univers mais seulement une condition de température de 10^{10} kelvins, température tout à fait modérée du point de vue de la physique des hautes énergies. Les conditions qui règnent à cette époque de l'univers rentrent dans le cadre d'une physique actuellement bien comprise et solidement établie. En fait la valeur moyenne de la densité de matière à cette époque ne dépasse pas celle de l'eau.

La synthèse des éléments légers

Après ces événements, l'évolution cosmique aurait pu devenir rapidement très banale si rien de nouveau n'était survenu. Au bout d'environ 926 secondes, un neutron libre subit une désintégration radioactive d'où il résulte un proton, un électron et un antineutrino. Hormis les particules légères, l'univers matériel n'aurait finalement contenu que des protons, simples noyaux d'hydrogène (les conditions thermiques sont encore trop chaudes pour permettre la formation des atomes). Cependant, bien avant de disparaître par désintégration radioactive, les neutrons ressentent les effets des interactions fortes nucléaires : les protons et les neutrons se combinent très rapidement pour former du deutérium puis de l'hélium. Pendant un court intervalle de temps de l'histoire cosmique, entre 10 et 500 secondes, l'univers se comporte comme un réacteur de fusion nucléaire géant transformant de l'hydrogène en hélium. Juste avant, les noyaux d'hélium ne peuvent pas subsister : la température est tellement élevée que la mer de rayonnement les met en pièces aussitôt qu'ils se forment; juste après, la densité est trop faible pour activer les interactions faibles : les noyaux chargés, protons et deutérium, ne sont plus assez rapprochés pour vaincre leur répulsion électromagnétique mutuelle et s'associer pour former des noyaux d'hélium.

Il est possible de prédire le pourcentage d'hélium formé dans l'univers au cours de cette ère nucléaire : environ 25 % de la masse de l'univers s'est transformée en hélium, près de 75 % est restée sous forme d'hydrogène, quelque 0,001 % sous forme de deutérium et moins de 1 pour 10^8 sous forme de lithium. Tout ces éléments ont été trouvés dans l'espace en abondance conforme aux prédictions, compte tenu des marges d'incertitude dues à la précision des observations.

Lorsque l'on mesure l'abondance de l'hélium dans quelque endroit de l'univers, que ce soit dans les plus vieilles étoiles de notre galaxie ou dans les galaxies lointaines, la prédiction est toujours confirmée. On trouve une abondance universelle de cet élément comprise entre 22 % et 25 %. Même dans les endroits ou d'autres éléments plus lourds et plus rares comme le carbone, l'azote et l'oxygène sont présents en quantité supérieure à la moyenne, l'hélium continue à afficher sa valeur universelle. Ces observations suggèrent que les éléments lourds ont été produits récemment dans des objets localisés comme les étoiles et reflètent la variété des conditions locales qui règnent d'un endroit à l'autre, d'étoile en étoile, au contraire de l'hélium dont l'abondance uniforme reflète l'origine universelle.

Au cours des quinzes dernières années, les prédictions du « big bang » ont été confirmées avec un degré croissant de précision grâce à l'affinement progressif des mesures de l'hélium dans l'espace interstellaire. Du deutérium a même été observé dans les nuages interstellaires. Or le deutérium possède une propriété remarquable : il peut uniquement être détruit au sein des étoiles, mais jamais y être créé. Le « big bang » semble donc la seule source possible de deutérium. Par conséquent, la détection de la présence de cet élément,

La Création

avec celle de l'hélium, fournissent une confirmation expérimentale impressionnante de la validité de notre modèle de l'univers primitif jusqu'à une seconde après le « big bang ». De tels modèles fondés sur la relativité générale et sur certains aspects de la physique des particules sont capables d'expliquer l'existence de la matière et l'absence de l'antimatière dans le cosmos. Ils peuvent non seulement expliquer le nombre de photons présents par particules de matière, qui mesure le taux de création d'entropie au cours de l'évolution de l'univers, mais aussi rendre compte de la composition matérielle et chimique observée.

4

L'ÉVOLUTION

LA structure est l'essence de la vie. Un univers sans structure offre la vision d'un environnement hostile et aride, dépourvu d'oasis nécessaires à l'épanouissement de la vie. Notre système solaire a commencé par un nuage de gaz tourbillonnant qui s'est refroidi et condensé pour former les planètes : il a suffi de fournir un embryon de structure pour qu'il se développe inexorablement sous l'effet implacable de la gravitation. Une chaîne évolutionnaire complexe s'est ensuite déroulée avec succès, semble-t-il, pour aboutir à l'homme. Mais cette évolution n'est pas notre préoccupation immédiate : lorsque nous contemplons la splendeur du ciel nocturne étoilé, une autre question surgit à notre esprit : d'où proviennent donc ces étoiles semblables à notre Soleil ? Le puzzle de la structure cosmique en désigne notre galaxie comme la source. Des études ont révélé l'âge de nombre des étoiles qui nous entourent, les plus anciens membres de notre société stellaire ont été identifiés : ils portent témoignage de la naissance de

L'Évolution

notre galaxie il y a quatorze milliards d'années. (L'incertitude sur cette estimation est de l'ordre de cinq milliards d'années.) Une telle réponse est bien sûr insatisfaisante et ne constitue qu'une étape dans notre quête vers les origines mêmes des galaxies. Comme toujours, l'observation nous fournit des indices cruciaux qui situent l'origine de la structure de l'univers dans les temps les plus reculés. Les connaissances acquises en essayant de comprendre l'origine des galaxies, des amas et des super-amas de galaxies nous amènent toujours un peu plus près du commencement même de l'univers.

La richesse de la structure de l'univers apparaît rapidement à l'observateur éventuel. Dans un stade bondé où se déroule un match de football, la foule paraît remarquablement uniforme vue de loin. C'est seulement en s'approchant de plus près que l'on perçoit sa grande diversité : la densité des spectateurs varie au long des gradins suivant la qualité des places; derrière l'un des buts, le bleu prédomine dans les rangs des supporters, derrière l'autre but, c'est le rouge qui prévaut.

Il en est de même avec les galaxies. Vu de notre tribune terrestre à travers un petit télescope, le cosmos paraît remarquablement homogène. En regardant à travers un télescope de plus grande ouverture et de meilleure résolution, nous commençons à distinguer des irrégularités dans le paysage cosmique. Finalement, avec un très grand télescope nous voyons bien au-delà de notre Voie lactée : les galaxies se répandent en tout lieu. Nous commençons alors à entrevoir la véritable structure de l'univers.

La structure

Ces dernières années, la loi de Hubble de la variation du décalage vers le rouge avec la distance a été utilisée pour

La main gauche de la création

calculer la distance de milliers de galaxies; des progrès majeurs ont été ainsi réalisés dans la cartographie du cosmos. Les galaxies projetées sur la surface de la sphère céleste donnent une image à deux dimensions. En utilisant des mesures systématiques de distance, il est possible de développer une véritable image de la distribution des galaxies en trois dimensions. Une telle image révèle des aspects inattendus : la plupart des galaxies sont rassemblées dans des structures en filament ou en feuillet, très fins comparés à leur distance typique de séparation de 100 à 400 millions d'années de lumière. En outre, ces structures se répartissent de manière frappante à la surface de gigantesques volumes pratiquement dépourvus de toute galaxie lumineuse. Ces parois de galaxies ne sont pas peuplées de manière uniforme : il existe de grands amas et super-amas qui forment des pics localisés dans la distribution galactique et se rencontrent souvent à l'intersection de structures filamentaires. Ces formes intriquées sont facilement reconnaissables à l'œil, bien que leur analyse quantitative se fasse encore attendre (voir figure 4.1).

La gravitation est sans aucun doute responsable de la formation des galaxies et de leur curieuse distribution dans l'espace. En première analyse, on pourrait penser que la gravitation a pour effet de concentrer la matière en blocs grossièrement sphériques de différentes tailles, distribués de manière complètement aléatoire. Cependant cette image simple ne ressemble pas à l'univers réel. Faut-il faire appel à de nouvelles forces ou à des conditions initiales très particulières pour expliquer ce qui est effectivement observé ? pas nécessairement. La seule théorie de la gravitation est capable de fournir des explications naturelles à la fois des dimensions caractéristiques et de la forme de la distribution galactique; aucun artifice ou condition particulière ne semble requis.

L'Évolution

Les graines primitives

Il n'y a qu'un seul rythme auquel une fluctuation de densité puisse s'accroître sous l'effet de la gravitation. De fait, c'est l'attraction gravitationnelle supplémentaire exercée par un léger excès de masse par rapport à la densité moyenne uniforme qui permet à une petite fluctuation de s'accroître et de s'amplifier au cours du temps. Malheureusement, dans un univers en expansion la densité moyenne de matière décroît régulièrement et précisément au même rythme que l'accroissement de cette fluctuation, car dans un système dominé par les forces gravitationnelles, il existe un temps d'évolution caractéristique unique déterminé par la seule valeur de la densité de matière. Non seulement la densité moyenne de l'univers décroît au cours du temps, mais aussi le faible excès de densité associé à toute fluctuation. Par conséquence, une fluctuation a beaucoup de difficulté à s'amplifier; la situation est un peu comparable à une course contre la montre sur une piste qui se rallongerait perpétuellement. Ces fluctuations peuvent quand même s'accroître, mais relativement lentement, puisque leur rythme de croissance équivaut au rythme de décroissance de la densité moyenne. De tout cela, il résulte que la présence de grandes fluctuations à l'époque de la formation des galaxies découle nécessairement de l'existence de petites fluctuations initiales au voisinage du commencement de l'univers.

A première vue cette exigence ne semble pas insurmontable. Néanmoins la compréhension de l'origine de ces petites fluctuations est un des plus grands défis posés à la cosmologie moderne. Si les fluctuations initiales effectivement engendrées avaient été très importantes, l'univers primitif aurait été trop inhomogène pour évoluer jusqu'à l'état de régularité que nous observons aujourd'hui. Il a dû s'établir un équilibre manifestement très délicat entre chaos et uniformité.

La main gauche de la création

La quasi-uniformité de l'univers soulève un autre paradoxe peut-être encore plus grand. Il existe une limite à l'étendue des dimensions de l'univers sur lesquelles des fluctuations peuvent être créées ou détruites à toute époque de son histoire. Celle-ci est simplement déterminée par la distance que la lumière a pu parcourir depuis le commencement de l'expansion. Cette distance, qui bien sûr augmente inexorablement avec le temps, représente la dimension maximum des régions susceptibles d'avoir été connectées par des liens de causalité. De tels liens sont nécessaires si nous voulons invoquer des processus physiques (et non métaphysiques) capables d'engendrer spontanément des fluctuations ou de régulariser des inhomogénéités initiales trop importantes. Nous appelons cette limite causale l'étendue de l'horizon de l'univers.

Au seuil de la cosmologie classique, que nous avons défini par le moment de Planck, l'étendue de l'horizon ne renfermait pas plus de masse qu'un grain de sable! Mais les fluctuations primitives qui ont engendré la structure à grande échelle que nous voyons aujourd'hui sont nécessairement intervenues à une échelle au moins aussi grande que celle de la masse des étoiles très brillantes. De plus, cette condition suppose une sorte d'extension de l'irrégularité, telle l'explosion d'une étoile massive balayant de larges couches de matière ambiante, pour amplifier la structure à l'échelle galactique et même supragalactique. Il est en fait fort probable que ces fluctuations primitives soient intervenues à l'échelle galactique même, impliquant des centaines de milliards de soleils.

Si de telles fluctuations de densité se sont produites spontanément, comme des grumeaux dans une crème mal tournée, elles ont dû se former à une époque plutôt récente, plus d'un an après la naissance de l'univers. La physique de ces phénomènes est bien connue et ne permet pas la génération spontanée de fluctuations de l'ordre des dimensions concernées dans la formation des galaxies. D'autre part,

L'Évolution

l'isotropie de l'expansion de Hubble observée est difficile à comprendre dans un univers fait de régions maintenant identiques, mais qui, jusqu'à un passé récent, étaient totalement disjointes et exemptes de toute relation possible. D'un point de vue esthétique, rien de tout cela n'est très satisfaisant. Pour se sortir de cette situation, le recours à un ensemble de conditions initiales très particulières au commencement de l'univers ressemble fort à une pétition de principe. Cela équivaut à une version moderne de l'astuce de Gosse de l'univers cachant sa jeunesse réelle derrière une apparence de vieillesse.

L'univers en inflation

Les progrès extraordinaires de la physique des particules permettent de sortir la cosmologie de cette impasse. Comme nous l'avons vu précédemment, durant son bref passage par un état de très haute énergie la matière contenue dans l'univers a subi une transition entre deux phases distinctes. Pendant la première phase, l'énergie des particules était si élevée que toutes les interactions de la nature étaient réunies dans la grande unification. Dans la phase suivante, moins énergétique, l'interaction forte s'est découplée des interactions faible et électromagnétique et la symétrie des interactions entre quarks et leptons a été brisée. Cette transition de phase peut être comparée au gel de l'eau : le passage de l'état liquide à l'état solide libère une certaine quantité d'énergie cachée ou chaleur latente. De la même façon, la soupe de particules élémentaires qui composent l'univers primitif existe sous différentes phases et le passage d'un état à l'autre libère des quantités considérables d'énergie. La chaleur libérée équivaut à la différence à fournir pour passer de l'état de basse énergie à l'état de haute énergie.

La main gauche de la création

La quantité d'énergie effectivement relâchée est la clef de la signification de cette transition de phase. Si cette quantité est suffisamment grande, ses conséquences cosmologiques sont considérables. Lorsqu'elle est libérée, l'expansion de l'univers de Friedman en train de se ralentir se trouve subitement accélérée; la séparation entre deux points quelconques se met à croître de manière exponentielle. L'étendue de l'horizon s'élargit rapidement et l'univers nous ouvre ses secrets. Mais il est généralement admis que cette transition de phase est régulière et uniforme; l'expansion exponentielle ne dure que pendant une courte période jusqu'à ce que la transition s'achève. Alors l'univers reprend son mouvement d'expansion initial à pas lents et ralentis.

Cette période inflationniste a des conséquences remarquables pour la suite de l'évolution de l'univers. Son passage par une époque d'élargissement des horizons permet de lever le paradoxe de l'horizon suivant lequel des secteurs initialement disjoints de l'univers apparaissent à présent uniforme. La taille actuelle de l'univers peut être expliquée : s'il est si grand aujourd'hui par rapport au moment de Planck, c'est tout simplement parce qu'il a enflé subitement. Une autre conséquence, peut-être la plus stupéfiante, est la solution que l'univers inflationniste apporte au mystère de l'origine des fluctuations qui engendrèrent les galaxies. Au niveau microscopique quantique, il existe des fluctuations inévitables dues au principe d'incertitude de Heisenberg. L'inflation de l'univers a tout simplement amplifié l'extension de ces fluctuations comme le gonflement d'un ballon agrandit la surface des défauts de son enveloppe de caoutchouc. Aucune échelle particulière de fluctuation n'est favorisée. L'horizon en inflation agit démocratiquement, laissant derrière lui des fluctuations d'intensités égales sur des dimensions progressivement croissantes. La quantité d'énergie gravitationnelle fournie est la même à chaque échelle, jusqu'à la dimension maximum correspondant à l'étendue de l'horizon juste à la fin de la phase inflationniste. Cette dimension peut excéder

L'Évolution

de beaucoup la taille de l'univers observable aujourd'hui. Tout dépend très clairement du taux de l'inflation, de sa durée et de la rapidité avec laquelle elle s'est interrompue : c'est ce que les cosmologues essayent de déterminer. Il existe bien un modèle théorique cohérent avec cette explication de l'origine des fluctuations, mais il est nécessaire de prouver qu'il est le seul compatible avec la réalité. En effet, d'autres modèles ont aussi été proposés qui supposent une inflation soit trop forte, soit trop faible : il serait souhaitable de pouvoir les infirmer. Seul un modèle qui prévoit un niveau de fluctuation compris entre 0,1 % et 0,001 % permet d'affirmer la formation des galaxies comme inévitable. Ce n'est pas seulement la solution des problèmes discutés ici qui motive l'intérêt des cosmologues pour l'hypothèse de l'univers inflationniste. Nous verrons au prochain chapitre que celle-ci a plus d'un tour dans son sac.

Réchauffement

L'univers n'est pas complètement vide et une inflation excessive serait désastreuse. Heureusement, la quantité gigantesque d'énergie cinétique associée à l'inflation finit toujours par se transformer en chaleur. L'univers se réchauffe progressivement à mesure que la transition se déroule et suffisamment vite pour que la grande unification joue à nouveau son rôle de couplage des interactions forte et faible et que soient créées et désintégrées de nouvelles particules X. L'expansion permanente refroidit la matière et les interactions entre particules exotiques cessent mais il demeure un résidu de baryons. Ce sont finalement ces baryons que nous considérons comme caractéristiques de la matière qui nous entoure.

Le rapport de la densité de baryons sur la densité de

photons est approximativement indépendant de l'époque et fournit une mesure commode du contenu de matière de l'univers. Ce rapport a été fixé au moment où l'énergie des particules est devenue trop faible pour que la grande unification se perpétue. Par conséquence, une dilution de ce rapport est concevable dans le cas d'une augmentation de l'entropie de l'univers suite à la création de photons. Des processus comme la dissipation, les transitions de phases prolongées ou la désintégration de particules plus chaudes que leur environnement entraînent une production substantielle d'entropie. En l'absence de tels effets, on dit que l'expansion est adiabatique ou à entropie constante.

Les fluctuations de la courbure de l'espace

Or les théories de la grande unification garantissent que si la théorie usuelle du « big bang » est valable, il ne peut y avoir de variations spatiales significatives du rapport de la densité de baryons sur la densité de photons. Les seules fluctuations de densité d'énergie permises sont celles qui préservent ce rapport. Elles sont désignées sous le nom de fluctuations adiabatiques et concernent la densité d'énergie totale, incluant le rayonnement et les neutrinos au même titre que la matière. Les fluctuations de densité d'énergie correspondent à des variations de la courbure de l'espace-temps. Selon la théorie d'Einstein, les inhomogénéités de densité sont des sources de gravitation et sont équivalentes à des écarts à la géométrie d'Euclide. La géométrie du modèle cosmologique du « big bang » lui-même n'est pas nécessairement euclidienne. A l'époque primordiale, toute fluctuation individuelle se comporte de manière assez semblable à un modèle du « big bang » légèrement perturbé et l'on peut considérer que la courbure primitive de l'univers présente comme de

L'Évolution

petits plissements dans sa géométrie. En d'autres termes, les fluctuations adiabatiques et les fluctuations de courbure sont des concepts équivalents.

L'inflation est capable de produire ces plissements géométriques sur un large domaine d'échelles possibles. Que l'inflation soit ou non leur source, il semblerait tout à fait fortuit que notre théorie ne retiennent que l'échelle, disons, d'une galaxie. A mesure que l'expansion se déroule, une quantité de masse de plus en plus importante se retrouve à l'intérieur de l'horizon de n'importe quel observateur et lui fournit une échelle naturelle pour mesurer les fluctuations de la courbure cosmologique. Une fois que l'horizon renferme une masse équivalente à celle d'une galaxie, nous pouvons décrire cette dernière à l'aide de la théorie classique de la gravitation newtonienne. Par la suite, nous avons uniquement besoin de considérer les fluctuations de densité directement observables.

L'instabilité

Isaac Newton et James Jeans réalisèrent qualitativement puis quantitativement que dans un gaz évoluant sous l'effet de sa propre gravitation les perturbations sont instables; les fluctuations de densité deviennent de plus en plus importantes au cours du temps. Cela crée une compétition entre deux effets : la gravitation attire les particules vers les sites de haute densité tandis que la différence de pression tend à contrecarrer ce mouvement (la pression est la manifestation du mouvement chaotique des particules gazeuses). A grande échelle la gravitation l'emporte toujours, la matière se condense en certains endroits et se raréfie ailleurs. Le phénomène se déroule de la même façon pour toute sorte d'objets matériels, même le rayonnement, puisque tout est sujet à la gravitation. Cette tendance à l'instabilité est aussi valable pour les perturbations de densité qui surviennent dans l'univers en expansion. Les effets de la pression ne sont importants qu'à petite échelle, où les perturbations peuvent être perçues comme de légères augmentations de densité qui se propagent comme des ondes sonores dans l'air. L'excès de densité est accompagné d'un excès de pression correspondant qui induit tour à tour des perturbations de densité dans le volume de fluide adjacent : toute perturbation locale de densité se déplace à la vitesse du son dans le milieu; un observateur localisé en un point verrait la densité osciller lorsque la perturbation se serait propagée jusqu'à lui.

A très grande échelle, et toujours au-delà de l'horizon où même un mouvement à la vitesse de la lumière n'a aucun effet, la gravitation a toujours fourni la force dominante. Les forces de pression n'ont pas eu assez de temps pour s'exercer, car elles nécessitent la propagation d'une contrainte à la vitesse du son; pour qu'un mouvement cohérent se développe sur une échelle plus grande que l'horizon, la vitesse du son devrait être supérieure à la vitesse de la lumière, ce qui est rigoureusement impossible. En conséquence, la distribution de matière et de rayonnement conserve la mémoire de son passé sur une échelle suffisamment grande. Il ne s'est pas écoulé assez de temps pour effacer le souvenir prolongé des fluctuations de courbure initiales.

Le frottement du rayonnement

Jusqu'à ce que la température tombe à quelques milliers de kelvins, environ 300 000 ans après le « big bang », les quanta de rayonnement sont restés assez énergétiques pour maintenir la matière dans l'état ionisé. Un photon doit posséder une énergie minimum de 13,6 électronvolts pour ioniser un

L'Évolution

atome d'hydrogène, c'est-à-dire le transformer en un proton et un électron libres. C'est seulement après que l'énergie de la plupart des photons ait été réduite en dessous du seuil d'ionisation par l'expansion cosmique que les atomes d'hydrogène commencèrent à devenir la forme de matière prédominante.

Pendant la phase d'ionisation, la diffusion des électrons libres par le rayonnement constitue une source importante de frottement. Pour l'électron en mouvement, la situation équivaut à essayer de courir dans une épaisse broussaille. Ce phénomène empêche tout mouvement relatif des électrons et des protons par rapport au rayonnement, ce qui interdit la croissance de toute fluctuation par instabilité gravitionnelle. Cette résistance au mouvement créée par le rayonnement est aggravée par la disparition des fluctuations adiabatiques de plus petite échelle. Le rayonnement est une des composantes de ces fluctuations; or celui-ci a toujours tendance à se répandre et, ce faisant, il amenuise considérablement les fluctuations de densité d'énergie desquelles il a le temps de s'enfuir. On trouve ainsi que les fluctuations sont complètement supprimées en dessous d'une échelle de 10^{14} masses solaires, ce qui correspond à une dimension de 50 millions d'années de lumière actuellement. Seules peuvent survivre les structures qui émanent directement de fluctuations germes de plus grandes dimensions. Ce phénomène de diffusion matière-rayonnement prédomine pendant l'ère radiative; une fois que les électrons se sont recombinés en atome d'hydrogène, le rayonnement et la matière coexistent indépendamment l'un de l'autre. Il n'y a plus de frein à la croissance des fluctuations de matière. L'instabilité gravitationnelle agit alors dans toute sa vigueur.

La main gauche de la création

Des feuillets et du vide

L'effet de l'absence de pression est crucial dans la détermination de la structure et de la forme des premiers objets. La pression d'origine thermique est toujours isotrope et si son intensité est comparable à celle de la gravitation, l'on peut s'attendre à la formation d'objets de symétrie quasi-sphérique. Des structures en longueur et de forme aplatie pourront se développer et le feront effectivement à la seule condition que la pression reste complètement négligeable jusqu'aux derniers moments de l'effondrement. Du reste, la quasi-totalité de la matière s'effondrera sur les régions condensées de haute densité puisqu'il n'y aura pas de pression pour contrecarrer le mouvement. Les raisonnements simples suivants permettent d'estimer l'ampleur de ce mouvement.

Dans l'espace tout mouvement peut être repéré par rapport à trois directions perpendiculaires. La probabilité que la matière se condense ou se raréfie le long d'un axe est d'une chance sur deux. La fraction du gaz qui ne se condensera pas sur l'une quelconque de ces trois directions indépendantes s'élève à $0,5 \times 0,5 \times 0,5$ soit 1/8. Cela a des conséquences immédiates sur la structure spatiale prévisible pour l'état final de l'univers. Plaçons-nous au stade primitif où la densité de matière est encore presque uniforme et imaginons des frontières autour des régions destinées à se condenser définitivement pour former les galaxies. Supposons que ces régions comprennent 90 % de toute la matière. Au départ, celles-ci entourent des bulles de matière plus petites non vouées à l'effondrement. Ces bulles sont destinées à devenir d'immenses volumes vides. En effet, une métamorphose intervient lorsque l'effondrement a lieu : les petites bulles, qui contenaient seulement 10 % de la masse, deviennent raréfiées et occupent maintenant 90 % du volume, tandis que les régions d'excès de densité s'aplatissent en feuillets ou en

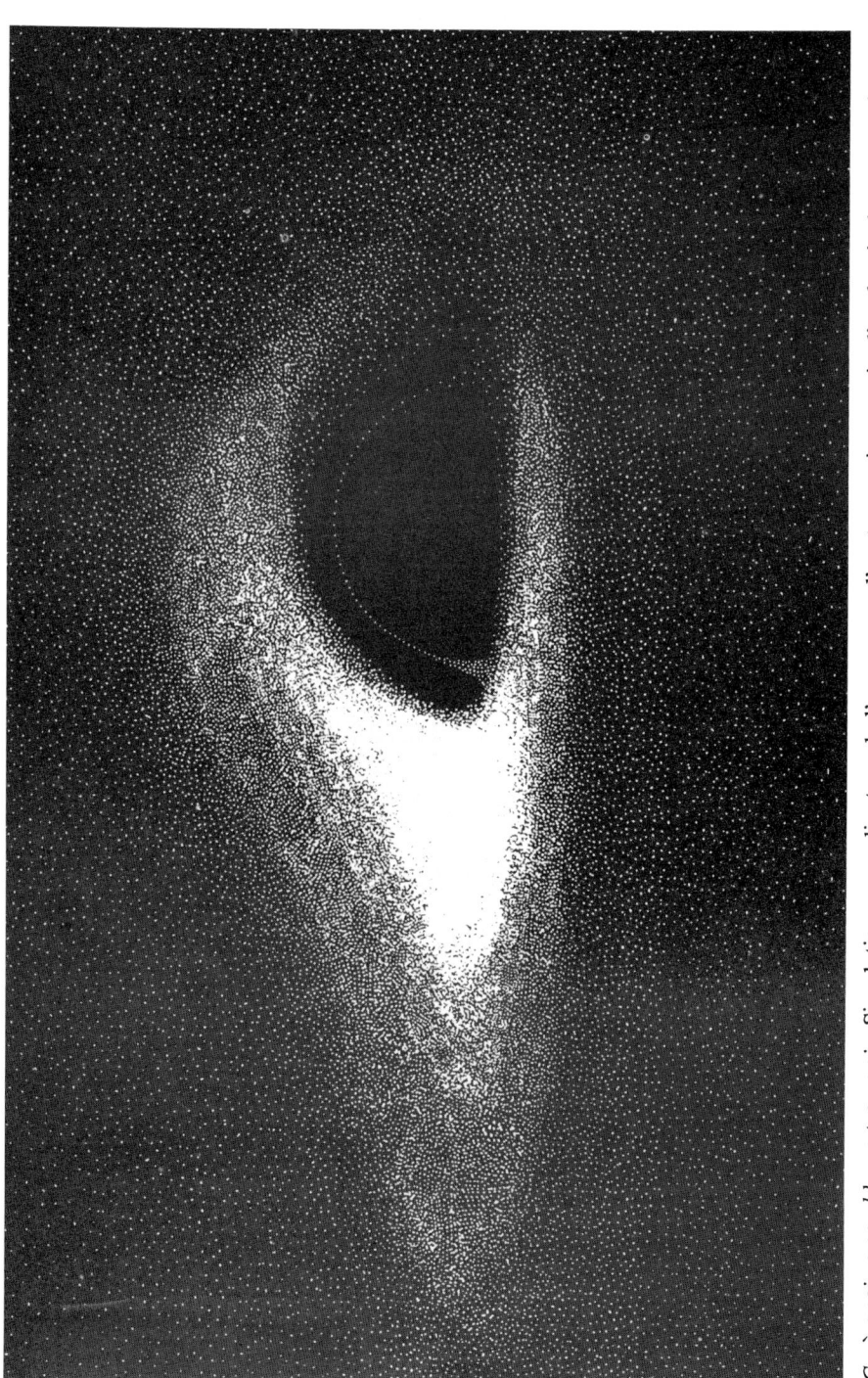

Ce à quoi ressemble un trou noir. Simulation sur ordinateur de l'apparence d'un trou noir en train d'engloutir des nuages de gaz.

La distribution des galaxies. Comparaison entre une simulation sur ordinateur d'une distribution aléatoire de galaxies (*à droite*) et la situation réellement observée sur une carte de la distribution galactique (*à gauche*).

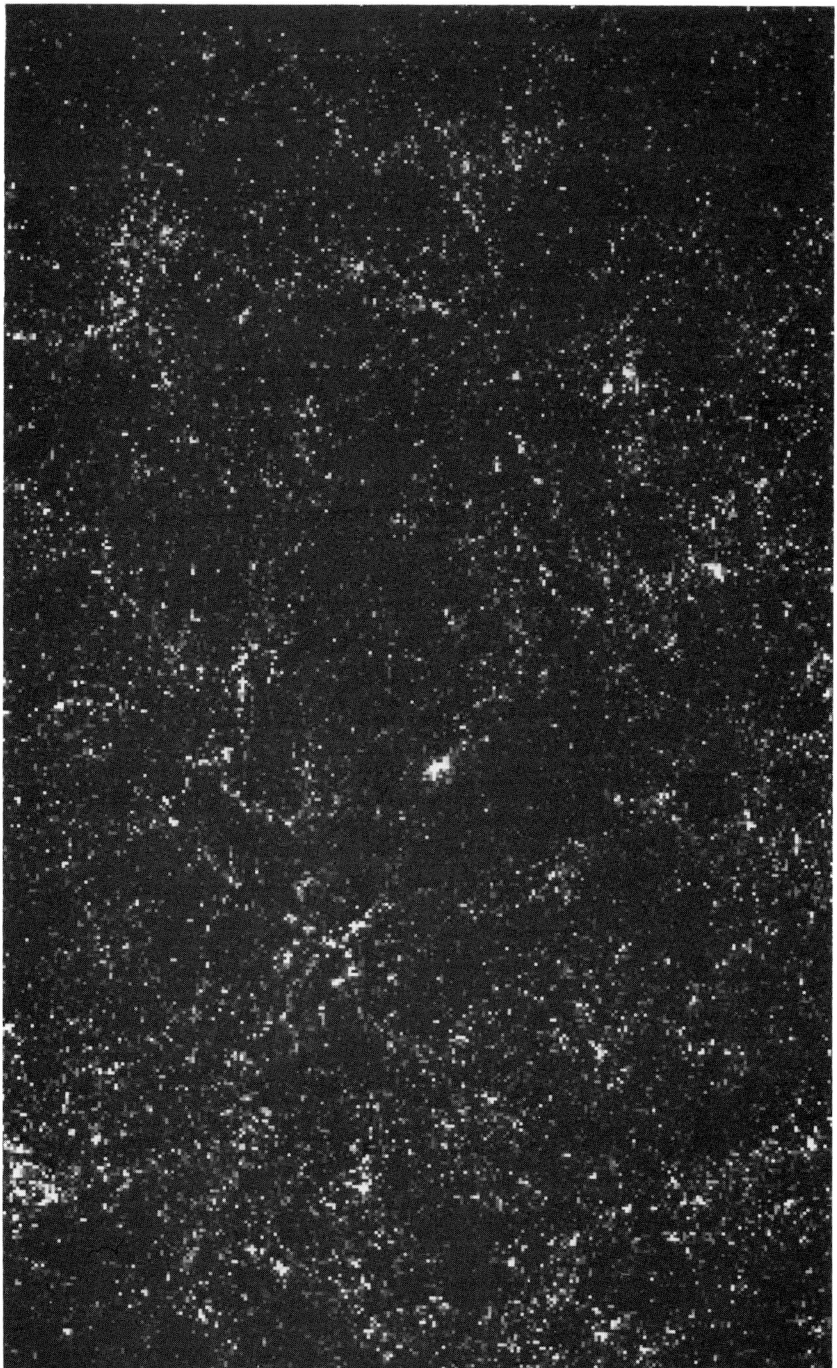

Galaxies types. Sélection de galaxies types : galaxies spirales Messier 104 dans la Vierge et Messier 81 dans Ursa major; galaxie elliptique Messier 84 dans l'amas de la Vierge.

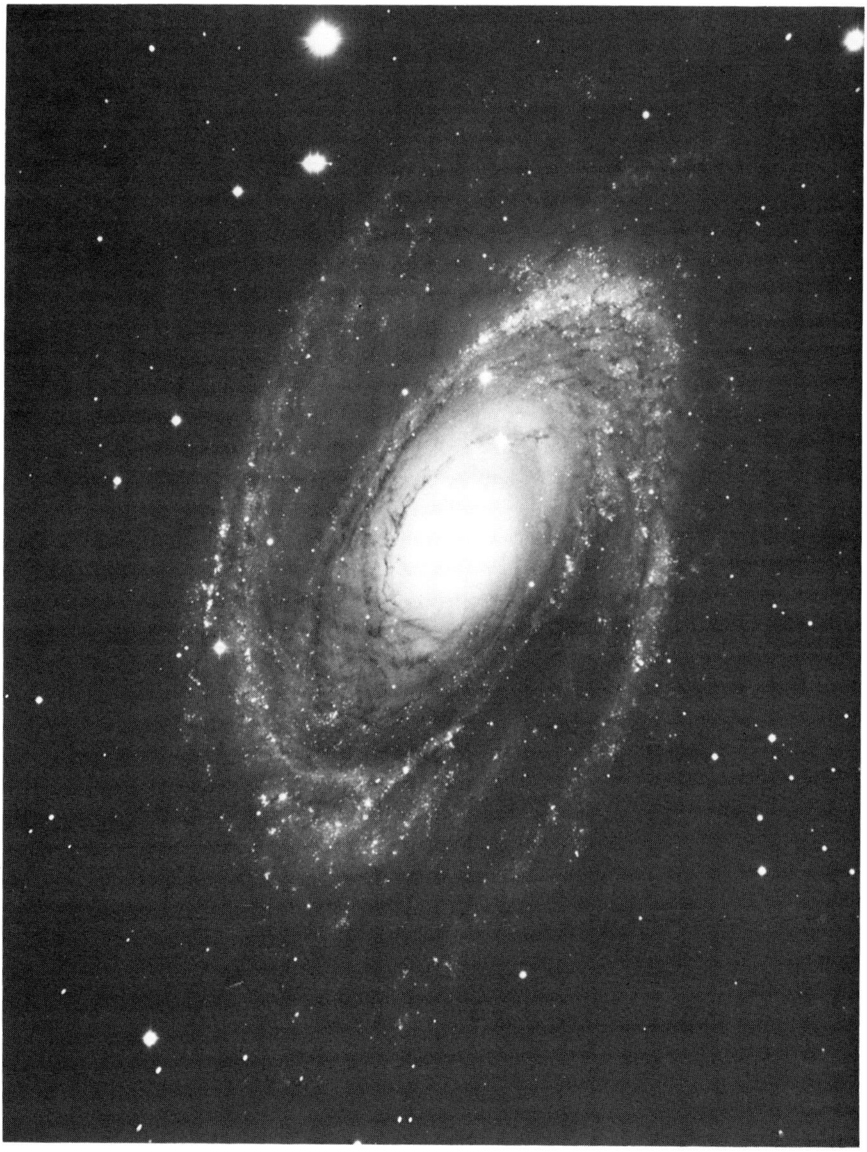

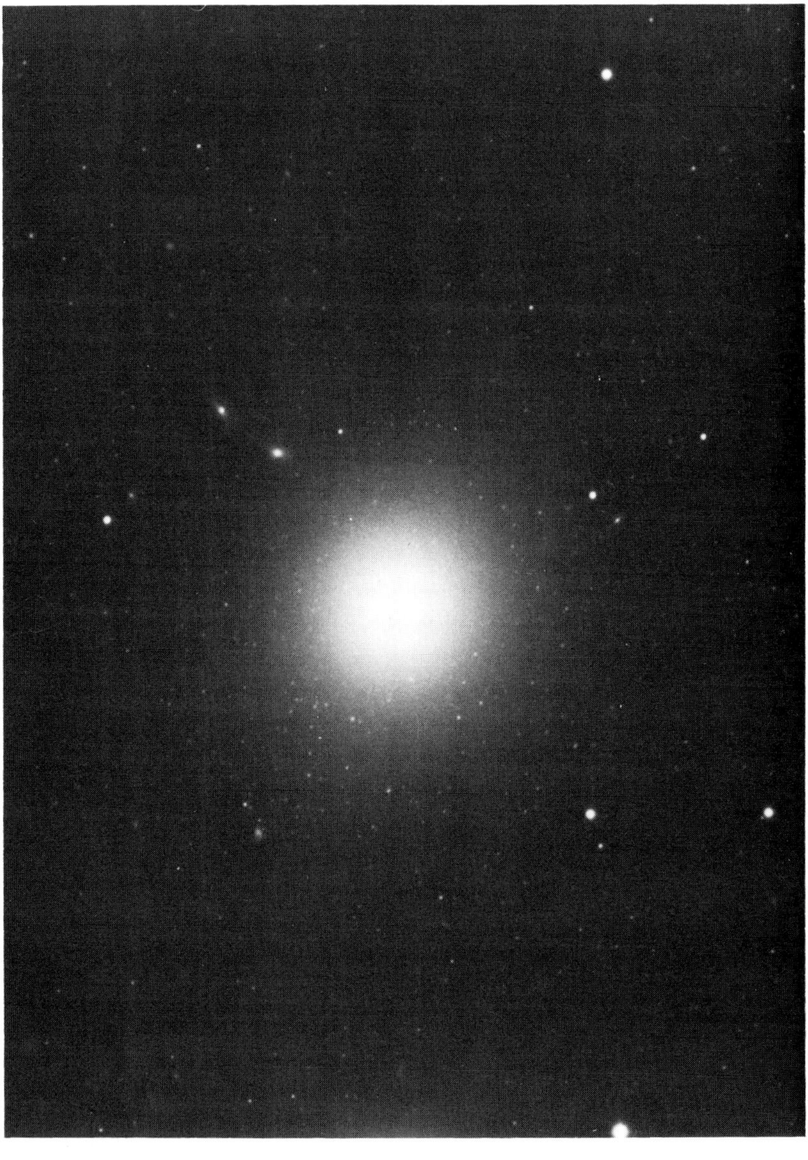

L'Évolution

filament. En définitive, les régions condensées qui initialement entouraient des régions de moindre extension, entourent maintenant de grands volumes vides tout en ne remplissant qu'une fraction de volume très réduite. L'amalgame de feuillets et de filaments de matière condensée ressemble à une structure cellulaire dominée par la présence de vides immenses.

Crêpes cosmiques

Au commencement de l'ère atomique, quand la matière prédomine sous forme d'atome d'hydrogène, les perturbations de densités sont faibles avec des fluctuations de moins de 1 %. L'effet régulateur du rayonnement a supprimé toute structure à petite échelle. Si nous suivons des particules sous l'effet de ces perturbations, en l'absence de toute pression leur trajectoire finit par se rencontrer; la foule attirant la foule, les particuies convergent vers les surfaces de haute densité.

Considérons un petit volume cubique d'univers. Nous pouvons le considérer comme soumis à des déformations sous l'effet des contraintes de l'expansion cosmologique d'une part et de la gravitation due au renchérissement local de densité d'autre part. La déformation du cube peut être décomposée en des mouvements de tassement et d'extension le long de trois axes perpendiculaires. Une contraction de symétrie sphérique apparaît comme un cas très particulier : les mouvements doivent être coordonnés à la fois en direction et en intensité suivant les trois directions. Imaginons l'organisation d'une rencontre entre trois hommes d'affaires internationaux; il est possible de fixer un rendez-vous avec deux d'entre eux à la fois mais il est bien plus simple de les voir individuellement. Par analogie, le volume cubique s'effondrera de préférence sur un seul axe en premier lieu, puis subira un tassement plus lent ou une expansion le long des deux autres axes. Le premier axe le long duquel l'effondrement a lieu est sélectionné au hasard si la déformation initiale est aléatoire. Le mouvement qui s'ensuit est par conséquent hautement anisotrope. Comme le volume puis l'épaisseur du cube diminuent, la densité devient extrêmement élevée. Il se forme une région très dense en forme de crêpe.

L'évolution des vides

Les crêpes sont d'abord engendrées aux points isolés où les perturbations initiales sont les plus importantes. Celles-ci s'agrandissent rapidement en formant des feuillets qui finissent par se rencontrer. D'immenses structures cellulaires sont ainsi créées. La dimension minimum de la paroi d'une cellule correspond à l'échelle maximum des structures de petites dimensions supprimées auparavant par le rayonnement régularisateur dans l'univers primitif. C'est uniquement grâce à cette élimination que la forme cellulaire existe : sans celle-ci, on trouverait des structures à toutes les échelles et la nature cellulaire de la distribution de la matière serait beaucoup moins prononcée. Des simulations numériques de l'effondrement de la matière montrent que l'univers est aujourd'hui dans un premier stade où il vient d'acquérir très récemment une structure cellulaire. Dans l'avenir, à mesure que se formeront des agglomérats de matière de plus en plus grands, on peut s'attendre à voir disparaître progressivement la structure cellulaire. C'est un stade intermédiaire qui reflète encore les fluctuations de densité initiales. Ainsi donc, l'observation montre que l'univers n'est ni très jeune ni très vieux du point de vue de l'origine de sa structure à grande échelle.

L'Évolution

Les ondes de choc

Jusqu'à présent nous avons négligé les effets de la pression du gaz. Cependant, à mesure que les surfaces de haute densité se développent, la pression devient de plus en plus élevée. La vitesse d'effondrement du gaz excède la vitesse du son : des ondes de choc doivent nécessairement être engendrées. Derrière l'onde de choc, le gaz est chauffé à des millions de kelvins. Les collisions de particules produisent une émission prolifique de rayonnement ultraviolet et de rayons X. Cette perte d'énergie par rayonnement a pour effet de refroidir le gaz perturbé par l'onde de choc. Le refroidissement est plus grand dans la couche centrale d'une crêpe nouvellement formée, où la densité de particules atteint ses valeurs les plus extrêmes. Cette couche de gaz refroidi est cruciale pour la formation ultérieure des galaxies car elle est instable à la fragmentation. Seul du gaz refroidi est capable de former des blocs de masse galactique ou subgalactique. En fait, la taille type d'un fragment a été estimée à un milliard de masses solaires seulement, soit comparable à la masse d'une galaxie naine. Nous verrons plus tard que les galaxies lumineuses se forment par l'agglomération de plusieurs fragments. Néanmoins la plus grande partie du gaz perturbé reste chaude, vouée à rester piégée dans les groupes et amas de galaxies. C'est en particulier dans les vastes espaces intergalactiques des grands amas de galaxies que sont obsersés de grandes quantités de gaz émettant des rayons X. Cependant le gaz inter-amas n'est pas totalement primitif puisque le spectre du rayonnement X d'un amas type montre la présence de fer et d'autres éléments lourds. Il a certainement été contaminé par des éjections provenant de l'explosion d'étoiles massives à l'intérieur des amas galactiques.

La main gauche de la création

L'anisotropie du rayonnement

Quand la théorie de la formation des crêpes cosmiques fut appliquée au gaz sous sa forme première, on réalisa rapidement qu'une de ses prédictions posait un sévère problème. Le fond cosmique de rayonnement observé est hautement uniforme en intensité. Autrefois, lorsque la matière était entièrement ionisée et la densité assez élevée, le rayonnement était continuellement diffusé par les électrons libres. Comme nous l'avons vu, le couplage entre la matière et le rayonnement disparut quand les électrons s'associèrent avec les protons pour former des atomes d'hydrogène, environ trois cent mille ans après le « big bang ». Depuis cette dernière époque de diffusion le rayonnement s'est propagé librement jusqu'à nous. Toute inhomogénéité dans la distribution de matière doit donc être reflétée par une fluctuation de la température du rayonnement. Malgré les recherches entreprises par les astronomes, de telles fluctuations de température n'ont pu être observées. La plus haute valeur de fluctuation observée possible est de 0,03 % sur un angle de six degrés dans le ciel : c'est une indication immédiate de la haute uniformité de l'univers primitif. Les fluctuations requises par la théorie de la formation des crêpes sont incompatibles avec celles observées dans un univers dont la densité est dix fois plus petite que la densité critique correspondant à un univers fermé. Dans un tel univers, où les forces de gravitation jouent à présent un rôle négligeable à grande échelle, la croissance des fluctuations initiales est moindre. D'où la nécessité de fluctuations initiales plus amples. Puisque cette faible valeur correspond à notre meilleure estimation de la densité de masse cosmologique, il semblerait que la théorie des crêpes se trouve dans la plus grande détresse.

L'Évolution

Les neutrinos massifs à la rescousse

L'existence d'une masse au repos pour le neutrino, estimée à 0,0001 masse de l'électron, apparaît comme la meilleure bouée de sauvetage de la théorie des crêpes cosmiques. Il était autrefois généralement admis que le neutrino possédait une masse au repos nulle, comme le photon, mais les théories de la grande unification ont réhabilité la possibilité d'une masse non nulle pour cette particule. Et pourquoi pas? s'interrogent actuellement les physiciens des particules.

Des expériences ont été entreprises pour mesurer ou établir les limites des valeurs possibles de la masse de neutrino associé à l'électron. Par une coïncidence curieuse, la seule valeur de cette masse hypothétique cohérente avec résultats expérimentaux aurait de profondes conséquences pour la cosmologie. Dans le modèle du « big bang », le nombre de neutrinos primordiaux prédit est approximativement comparable au nombre de photons. Actuellement, la densité de masse des photons micro-ondes est 100 000 fois plus faible que la valeur critique correspondant à un univers fermé. Si l'énergie au repos d'un neutrino était mille fois plus grande que l'énergie moyenne d'un photon du fond cosmique micro-onde, les neutrinos seraient prédominants dans la densité de masse actuelle, car leur contribution serait plus grande que celle de toute forme de matière baryonique connue. Si cette énergie était encore 100 fois plus grande, la masse des neutrinos serait même suffisante pour engendrer un univers fermé. Nous discuterons ultérieurement de la possibilité d'une telle valeur de la densité de masse cosmologique.

Tout d'abord, nous allons examiner les conséquences de la masse au repos du neutrino pour la formation des galaxies. Il se peut que ce facteur rende inévitable la formation des crêpes cosmiques. Les neutrinos, à la différence des électrons et des protons, subissent très rarement des collisions. Par conséquence, ceux-ci ont tendance à se répandre librement dans toutes les directions comme un essaim d'abeilles soudainement relâché. Toute fluctuation de densité serait ainsi effacée dans un rayon couvert par les neutrinos, qui se déplacent à la vitesse de la lumière. Or, par suite de sa masse au repos non nulle, en dessous d'une certaine énergie correspondant approximativement à cette masse, le neutrino se déplace à une vitesse propre à son énergie et inférieure à la vitesse de la lumière, comme pour n'importe quelle particule massive. Les neutrinos ralentissent en raison de l'expansion continue de l'univers. A l'époque actuelle, les neutrinos libres sont supposés posséder une vitesse de six kilomètres par seconde seulement si leur masse est de 30 électronvolts. Cela signifie que ces particules deviennent susceptibles d'avoir été piégées dans des fluctuations de densité ou dans les galaxies lorsque celles-ci ce sont formées. La distance maximum couverte librement par les neutrinos durant l'histoire de l'univers s'élève à présent à 100 millions d'années de lumière. Ce flux a détruit toute fluctuation préexistante et effacé toute fluctuation de dimension moindre.

La suppression des structures à petite échelle nous conduit de nouveau à la formation des crêpes cosmiques, quoique sur une échelle encore plus grande que celle rencontrée auparavant. Les immenses nuages de neutrinos s'effondrent sur eux-mêmes et deviennent de plus en plus aplatis. La matière tombe dans ces nuages et forme de nouveau des crêpes dont l'amplitude est cependant considérablement supérieure. Il est possible que la vitesse des neutrinos soit devenue inférieure à la vitesse de la lumière quand la matière était encore ionisée. Plus grande est leur masse hypothétique, plus tôt ils ont commencé à ralentir et les fluctuations de densité dans leur distribution sont devenues gravitationnellement instables. La tendance des neutrinos à se répandre librement joue un rôle

L'Évolution

analogue à la pression qui s'oppose à la gravitation dans un gaz à petite échelle. Mais les fluctuations de dimensions supérieures à la distance que les neutrinos sont capables de couvrir librement non seulement subsistent, mais s'accroissent sur des périodes de temps beaucoup plus étendues que les fluctuations de matière. Avant l'ère atomique, le frottement du rayonnement empêche la croissance des fluctuations de la matière ionisée; les neutrinos en revanche entrent rarement en collision avec les électrons ou les photons et n'éprouvent pratiquement aucune friction : l'amplitude de leurs fluctuations excède donc considérablement celle des inhomogénéités en leur absence. Après un million d'années, la matière devenue atomique cesse de diffuser le rayonnement et peut se mouvoir librement : elle peut alors répondre à l'attraction gravitationnelle des neutrinos. Ainsi donc, les neutrinos régissent la formation des galaxies et les fluctuations primitives de matière sont réduites d'un facteur correspondant à l'accroissement des fluctuations de neutrinos pendant l'ère ionisée. En conséquence, les fluctuations du rayonnement en sont réduites d'autant grâce aux neutrinos massifs.

La recherche des fluctuations de rayonnement a été la plus importante tentative de confirmation de la théorie des crêpes cosmiques par l'observation. Ces variations spatiales de la température du rayonnement de fond cosmique sont les traces fossilisées d'inhomogénéités de matières évanouies depuis longtemps. En tenant compte des neutrinos massifs, l'intensité prévue des fluctuations de température est réduite de plus d'un ordre de grandeur. La théorie et l'observation sont alors réconciliées. Du reste, il fait peu de doute que dans un proche avenir l'amélioration de la précision des expériences permettra de vérifier définitivement la théorie de la formation des crêpes pré-galactiques (voir figure 4.1).

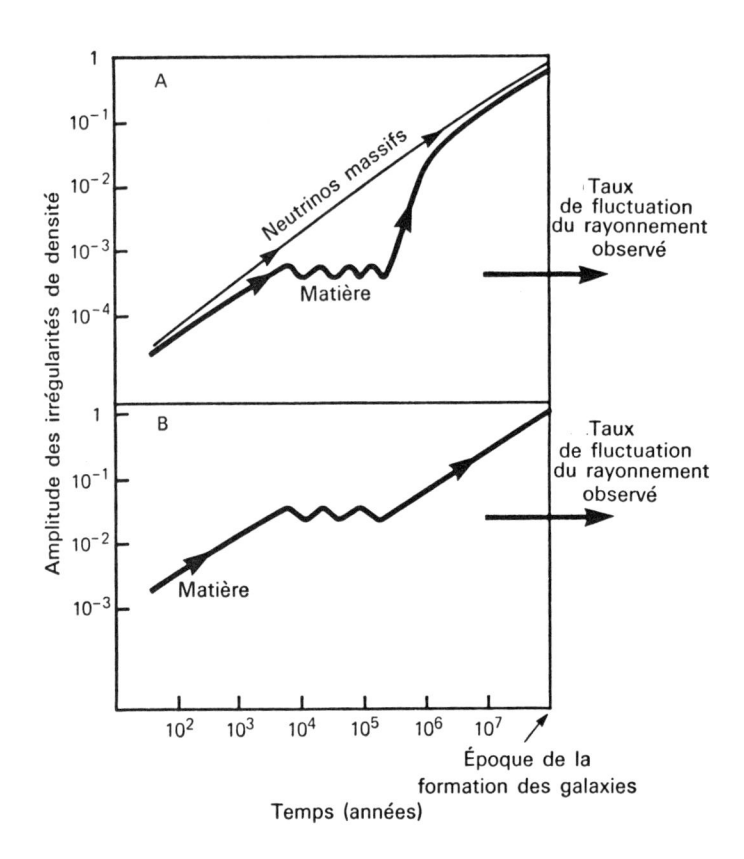

Figure 4.1. *Fluctuations de température.* Niveau des fluctuations de température du rayonnement observées dans le cas où les neutrinos ont une masse d'environ 30 électronvolts (en haut) et dans le cas où ils ont une masse nulle (en bas).

Les halos de neutrinos et la masse cachée

A la question : « De quoi sont faites les galaxies? », les crêpes de neutrinos cosmiques peuvent apporter une réponse

L'Évolution

séduisante, car les cosmologues cachent un sombre secret : ils n'ont pas le moindre indice de la nature du constituant de masse qui prédomine dans l'univers. Seuls des arguments de pure plausibilité et le principe du rasoir d'Occam les empêchent de postuler l'existence d'un vaste nombre d'objets invisibles flottant dans l'espace. Depuis plusieurs années, les candidats favoris ont été alternativement les trous noirs et les étoiles à neutrons. Les astronomes en sont finalement arrivés à la conclusion remarquable que la densité de masse sous forme de matière invisible excède la densité sous forme visible d'un facteur de 10 à 100.

Pour mesurer la quantité de matière relative à la luminosité dans une région donnée, les unités de mesures sont la masse et la luminosité du Soleil. Dans notre voisinage solaire, la quantité de matière correspond à un rapport masse-luminosité de l'ordre de 2, seule la lumière bleue du spectre d'émission étant prise en compte (dans l'absolu, il est préférable de mesurer la magnitude bolométrique correspondant à la lumière totale mais celle-ci est difficile à mesurer). Cela signifie que la matière qui nous entoure consiste essentiellement en étoiles moins massives que le Soleil. Dans les grands amas de galaxies comme l'amas de Coma, le rapport masse-luminosité est d'environ 300. Une partie de cette différence provient du type d'étoiles présentes dans l'amas. La plupart des galaxies membres des amas sont elliptiques et manquent d'étoiles jeunes, chaudes et bleues. Ces étoiles contribuent peu à la masse d'une galaxie comme la nôtre, mais prédominent dans sa luminosité. Ainsi le rapport masse-luminosité dans les régions du disque ancien et du bulbe de notre galaxie, qui reflète les populations d'étoiles les plus comparables à celles des galaxies elliptiques, s'élève à 6. Il s'ensuit que le contenu total identifiable d'étoiles de l'amas de Coma s'élève à 6/300, ou 2 % de sa masse dynamique.

D'autre part, une fraction substantielle d'environ 10 % de la masse de cet amas a été découverte sous forme de gaz chaud émetteur de rayons X. Ainsi, le contenu total de l'amas de Coma sous forme de masse lumineuse est porté à 12 % de sa masse totale. Les 88 % restants sont invisibles, tout du moins jusqu'à présent, et leur nature est une source intarissable de spéculations. Une fraction identique de matière invisible est présente dans les groupes de galaxies où la forme spirale prédomine (bien que les données sur leur contenu de gaz intergalactique soit très incomplètes), ces mesures étant toutes effectuées sur une échelle de grandeur de un à deux millions d'années-lumière.

A plus petite échelle, la courbe de rotation d'une galaxie est significative de la distribution de la matière obscure dans ses parties externes. Des études de la rotation de notre propre galaxie et d'autres galaxies spirales ont révélé le fait surprenant que les lois de Kepler y sont transgressées. La vitesse de rotation ne décroît pas quand la distance augmente à partir du bord de galaxie, comme, par exemple, la vitesse orbitale des planètes décroît avec la distance au Soleil. Le problème est résolu si l'on admet la présence d'un halo étendu de matière obscure.

Si une masse invisible suffisante est présente, la vitesse de rotation mesurée reste constante quand la distance s'accroît à partir du centre de la galaxie. Il apparaît que le halo obscur contient le gros de la masse des galaxies spirales. L'allure plate de la courbe de rotation des galaxies spirales pour des distances de plusieurs fois le rayon de la partie visible indique que le rapport masse-luminosité augmente avec l'échelle considérée (voir figure 4.2). Les données concernant les groupes et les amas de galaxies suggèrent que la fraction de masse invisible de l'univers continue à augmenter lorsque l'on considère des échelles de plusieurs millions d'années de lumière. Nous ne savons pas si cette tendance se poursuit à plus grande échelle. Si la quantité de matière obscure globale correspond à un rapport masse-luminosité proche de 1 000, alors la densité moyenne atteint la valeur critique pour laquelle l'univers ne peut pas continuer indéfiniment son

L'Évolution

expansion mais doit nécessairement subir un jour une contraction. Les mesures de Hubble de la vitesse de récession des galaxies lointaines en fonction de leur distance suggèrent que la densité moyenne du cosmos ne peut certainement pas excéder de beaucoup cette valeur critique. Le rapport critique masse-luminosité n'est que trois fois plus grand que la valeur de l'amas de Coma.

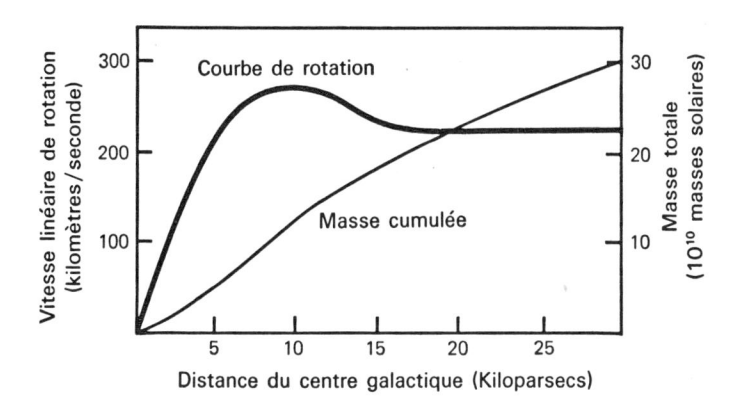

Figure 4.2. *Courbe de rotation d'une galaxie.* Variation de la vitesse linéaire de rotation en fonction de la distance au centre d'une galaxie spirale type. A grande distance, la vitesse de rotation atteint un plateau. Cela signifie que la masse cumulée doit continuer à augmenter avec la distance au centre galactique au-delà de la limite visible de la galaxie.

Est-ce que cela signifie que l'univers est destiné à s'effondrer sur lui-même? Nous sommes presque certains du contraire, car les amas riches comme l'amas du Coma sont des objets plutôt rares. Les groupes clairsemés sont bien plus fréquents qui possèdent des rapports masse-luminosité bleue de l'ordre de 50. Les valeurs élevées de ce rapport dans les amas provient d'une part des populations d'étoiles anciennes et faiblement lumineuses et d'autre part du fait qu'une quantité substantielle de matière (qui aurait pu éventuellement former des disques spiraux) se trouve dispersée dans le milieu intergalactique.

La main gauche de la création

Le phénomène responsable de la matière obscure est universel. Les études des halos galactiques d'où même très peu de lumière est émise indiquent que le rapport masse-luminosité doit être localement extrêmement élevé, jusqu'à plusieurs centaines ou plus encore. La nette prédominance de la contribution de la matière obscure à la densité de masse moyenne de l'univers est manifestement évidente. Cette matière joue un rôle dynamique important dans les groupes et amas de galaxies ainsi que dans les halos galactiques. Celle-ci est même présente dans le voisinage du Soleil où la contribution principale à la densité provient néanmoins de la population d'étoiles anciennes.

Les physiciens des particules se sont aussi mis en quête de la matière cachée du cosmos en proposant un mystérieux candidat : le neutrino massif. La formation d'une crêpe cosmique dispersera largement la plupart des neutrinos puisqu'ils acquièrent des vitesses élevées pendant l'effondrement initial. Cependant, une partie des neutrinos sont peu accélérés parce qu'ils sont initialement proches du plan central de la crêpe et ont peu de chemin à parcourir dans leur chute. Au niveau de ce plan, il s'accumule une fine couche de gaz qui se refroidit et finit par se fragmenter comme en l'absence de neutrinos massifs; ces fragments tendent par la suite à s'agglomérer. Comme nous le verrons par la suite, la masse maximum capable de se fragmenter davantage en étoiles est proche de celle d'une galaxie lumineuse. Les neutrinos peu mobiles subiront une accrétion rapide vers les fragments baryoniques. Ces derniers se seront accrus pour atteindre une masse d'ordre galactique et se retrouveront entourés par des halos de neutrinos. Dans les régions plus denses où les fragments se chevauchent ou entrent même en collision, les neutrinos seront partagés entre ces blocs. Dans les régions de faible densité, les galaxies isolées conserveront un halo invisible de neutrinos massifs.

L'évolution

Les premières condensations

Ces spéculations fournissent les éléments d'un modèle très hypothétique de l'évolution de la structure à grande échelle de l'univers. Les structures les plus grandes ont été les premières à apparaître bien que ces agglomérations ne montrent qu'un renforcement modeste de la densité par rapport à la valeur moyenne. Cela indique que la formation des galaxies est un phénomène relativement récent qui s'est déroulé plus d'un milliard d'années après le commencement de l'univers. Avant cela, l'univers était beaucoup trop dense pour avoir engendré des condensations aussi diffuses. Les astronomes ont recherché avec acharnement mais sans grand succès des preuves incontestables de cette théorie de la formation récente des galaxies. Si leurs efforts devaient finalement échouer, une théorie alternative attend leur considération :

Les fluctuations de l'*entropie* primordiale ou du rapport baryon/photon ne sont sujettes à aucune atténuation dans l'univers primitif. Elles consistent en des variations du contenu de matière dans une mer de rayonnement primitif parfaitement régulière. Le champ du rayonnement est uniforme et ne réduit pas les inhomogénéités de densité. Néanmoins les baryons sont empêchés de réagir aux excès locaux de gravitation des fluctuations de densité jusqu'à ce que la matière devienne en prédominance atomique et que le rayonnement se découple : c'est alors seulement que la matière peut se mouvoir librement. Ce faisant, l'attraction gravitationnelle entraîne la croissance des fluctuations sur des échelles aussi faibles qu'un million de masses solaires, c'est-à-dire très intérieures à la masse d'une galaxie lumineuse. Ces fluctuations sont aptes à former les premières condensations à apparaître par effondrement gravitationnel moins d'un million d'années après le « big bang ». Par la suite, les forces gravitationnelles provoquent le rassemblement d'amas de matière de plus en plus grands. Ces condensations sont peut-être les briques à partir desquelles les galaxies ont été construites.

Particules chaudes et particules froides

Quand les neutrinos massifs ont commencé à engendrer des fluctuations à grande échelle, ils se déplaçaient à une vitesse proche de celle de la lumière. En effet, les neutrinos étaient chauds. C'est pourquoi les fluctuations intrinsèques à petite échelle n'ont pas survécu et les fluctuations à l'échelle galactique ont dû être créées à nouveau pendant la formation des crêpes cosmiques et leur fragmentation.

Mais les neutrinos massifs ne sont pas les seules particules possibles dans la nature capables d'avoir contribué à la structure à grande échelle de l'univers. Il se peut qu'il existe d'autres types de particules exotiques qui ont été froides dès leur formation. Les axions sont de telles particules, prédites par certaines théories de la structure des particules élémentaires. Des petits trous noirs primitifs ont pu jouer un rôle identique, si produits en nombre suffisant. Des amas de ces particules froides de n'importe quelle dimension, de l'étoile à la galaxie, et les fluctuations de densité qui leur sont associés sont aptes à survivre. Pour une grande partie de l'histoire de l'univers, l'influence gravitationnelle de ces particules est négligeable comparée à l'influence du rayonnement. L'amplification de ces fluctuations ne commence seulement à devenir sérieuse qu'à partir de l'époque où prédomine la matière, environ 10^4 ans après la singularité initiale.

Les amassements consécutifs de matière présentent un trait particulier : il se produisent vraisemblablement de façon simultanée avec la même intensité sur une large gamme

L'évolution

d'échelles. Cela parce que les fluctuations à grande échelle primitive ont une plus longue période de croissance au-delà de l'horizon au dépens des fluctuations à plus petite échelle. Une fois les fluctuations amplifiées, des amas à l'échelle stellaire, galactique ou supra-galactique ont pu commencer à s'effondrer en même temps. Un tel scénario pourrait avoir des conséquences intéressantes pour la formation des galaxies qui n'ont pas encore été totalement explorées. L'amélioration de notre compréhension de l'histoire primitive de notre galaxie aura probablement des suites en physique des particules. Malheureusement, mis à part leurs effets cosmologiques éventuels, les axions sont extrêmement difficiles à détecter directement.

Les briques galactiques

Que l'on croie à l'existence de plissements primordiaux dans la courbure de l'espace-temps ou aux fluctuations d'entropie, que l'on croie à la formation de la structure à grande échelle, avant, en même temps ou longtemps après la structure à petite échelle, les conséquences pour la formation des galaxies sont à peu près les mêmes. Les fragments de crêpes ou les nuages de condensation isolés contiennent quelques millions ou centaines de millions de masses solaires. Leurs masses moyennes sont loin d'atteindre celle d'une galaxie type. Le processus par lequel ces briques se sont agrégées pour former les galaxies est responsable de la plupart de leurs propriétés caractéristiques. De la même manière que le comportement et la personnalité d'un adulte reflètent l'influence du milieu pendant sa petite enfance, nous pouvons espérer apprendre beaucoup sur le processus de formation des galaxies en étudiant leur morphologie actuelle; les galaxies sont comme de gigantesques fossiles.

La main gauche de la création

A cause des grandes distances qui séparent actuellement les étoiles, l'intensité des interactions dynamiques qui s'exercent entre elles est maintenant très atténuée. Mais à l'époque de la formation des galaxies il n'en était pas de même. La plupart des étoiles que nous voyons aujourd'hui étaient encore sous forme de fragments de nuages gazeux en interaction vigoureuse. Les étoiles sont nées, ont évolué et ont répandu des débris enrichis qui, à leur tour, ont été utilisés pour produire la nouvelle génération d'étoiles. Une fois achevé le processus de formation de la grande masse des étoiles, la distribution d'éléments lourds que nous observons dans les plus vieilles d'entre elles témoigne d'un enrichissement très ancien. Une fois les étoiles formées, celles-ci se sont mêlées en de nombreuses configurations qui aboutirent à des sytèmes en contraction sur eux-mêmes. Ce sont ces processus que nous devons considérer si nous voulons comprendre comment les galaxies ont acquis leurs traits caractéristiques. Tout d'abord, il est utile de passer en revue les propriétés importantes de ces objets que nous cherchons à expliquer.

Les galaxies spirales

Une galaxie comme notre Voie lactée est composée d'une centaine de milliards d'étoiles entraînées dans une ronde perpétuelle orchestrée par la gravitation. Le temps mis par le Soleil pour parcourir une orbite complète de la Voie lactée s'élève à environ deux cents millions d'années terrestres (cette période est définie comme l'année galactique). Notre galaxie, vieille de cinquante années galactiques, est maintenant dans la fleur de l'âge. Les étoiles qui composent la partie fine de son disque plan décrivent une orbite quasi circulaire autour du centre galactique. Une deuxième popu-

L'évolution

lation d'étoiles suit des orbites excentrées, souvent inclinées par rapport au disque : elles constituent le bulbe galactique. La galaxie spirale vue de profil, le bulbe apparaît habituellement comme une boule luminescente traversée par une fine bande sombre. Cette bande sombre est due au gaz interstellaire et à la poussière absorbante concentrés dans le disque qui s'interpose devant le bulbe.

Une galaxie typique comme la nôtre possède toujours une faible fraction de sa masse sous forme de gaz et de poussière interstellaire. C'est cette matière diffuse qui fournit le lieu de naissance dont sont originaires la plupart des étoiles de la galaxie. C'est seulement dans une époque lointaine du passé que celle-ci abondait en quantité suffisante pour engendrer ces dernières à foison (voir figure 4.4). La matière interstellaire à tendance à se condenser en spirale dans le plan du disque galactique. Cette forme en spirale est engendrée par un embouteillage cosmique : les nuages tournant autour de la galaxie s'accumulent dans certaines régions et l'encombrement ainsi créé se déroule lentement en spirale vers l'extérieur, entraîné par la rotation. Dans ces bras spiraux de nouvelles étoiles sont continuellement créées; c'est ainsi que l'on reconnaît la forme spiralée sur les photographies, grâce à la présence d'étoiles bleues nouvelles.

Les galaxies elliptiques

Certaines galaxies ne possèdent aucun disque stellaire. Ces galaxies dites elliptiques forment une protubérance composée de vieilles étoiles rouges. On y trouve très peu de matière interstellaire et le processus de création d'étoiles y est complètement éteint. Les galaxies elliptiques sont des fossiles géants révélant quelques traces d'une jeunesse active des dizaines de milliards d'années auparavant. Quel processus cosmique est-il intervenu dans ces galaxies pour arrêter la formation des étoiles et enlever la matière interstellaire ? L'environnement fournit un indice crucial. Les galaxies elliptiques prédominent dans les amas de galaxies les plus riches et les plus grands. Dans les régions où la population de galaxie est la plus dense, celles-ci surpassent en nombre les galaxies spirales de manière écrasante. Par contre, ces dernières prédominent dans les régions où la population de galaxies est clairsemée. Il semble donc que les effets de l'environnement jouent un rôle fondamental dans la détermination de la morphologie des galaxies.

Les sphéroïdes galactiques

Les galaxies elliptiques sont des sphéroïdes. Les spirales sont des mélanges hybrides de sphéroïdes et de disques, tandis que certaines autres galaxies irrégulières sont totalement dépourvues de composante sphéroïdale. Les sphéroïdes contiennent exclusivement de vieilles étoiles, tandis que les disques sont souvent des régions actives de formation d'étoiles. C'est dans les sphéroïdes que nous devons rechercher des traces fossiles de la naissance des galaxies. Les étoiles des sphéroïdes sont pratiquement aussi vieilles que l'univers et se sont formées pendant, ou très peu après, l'époque de la formation des galaxies.

Les sphéroïdes possèdent une propriété universelle dans la distribution de leur émission lumineuse : que l'on considère la géante elliptique avec ses centaines de milliards d'étoiles ou la naine sphéroïdale avec son million d'astres, l'intensité lumineuse décroît régulièrement avec la distance radiale à partir du centre. Le profil d'intensité des sphéroïdes obéit à une loi universelle mentionnée pour la première fois par Hubble, puis modifiée par Gérard de Vaucouleurs : lorsque

L'évolution

le rayon est doublé, l'intensité lumineuse décroît approximativement d'un facteur quatre. Ce déclin régulier de la brillance se poursuit sans limite jusqu'à ce que les contours du sphéroïde se confondent avec la faible lueur du ciel nocturne. D'une manière ou d'une autre, le processus de formation de la galaxie a engendré le profil de Hubble-De Vaucouleurs.

Les régions centrales d'une galaxie elliptique sont extrêmement brillantes. On y trouve près d'un million d'étoiles par année de lumière cube. Bien sûr, il n'est pas possible de distinguer individuellement les étoiles, mais leur présence collective est déduite du spectre de la lumière émise. Les différentes catégories d'étoiles se reconnaissent à l'ensemble des raies particulières de leur spectre dues à la présence de nombreux éléments lourds. Ces raies spectrales sont élargies par l'effet Doppler dû au mouvement de va-et-vient des étoiles mais restent néanmoins identifiables. En fait, les mesures de la position et de la largeur moyennes des raies permettent d'en déduire des statistiques fondamentales sur la distribution des vitesses stellaires et sur le contenu en éléments lourds des étoiles. Il est ainsi possible de savoir si la galaxie est en rotation ou non et de mesurer la composante aléatoire du mouvement stellaire, grandeur de nature identique à la température d'un gaz où les étoiles joueraient le rôle des molécules.

Les mesures spectroscopiques effectuées sur les galaxies elliptiques nous ont révélé des faits surprenants : ces galaxies ne semble posséder aucun mouvement de rotation, ce qui signifie que la gravitation n'y est compensée par aucune force centrifuge comme dans les disques stellaires où ce phénomène est manifeste. Qu'est-ce qui empêche alors les étoiles de s'effondrer vers le centre des sphéroïdes ? Tout simplement leur énergie d'agitation. Les étoiles qui composent le sphéroïde se déplacent de manière aléatoire à des vitesses suffisantes pour maintenir une configuration stable. Ces mouvements stellaires aléatoires sont aussi responsables de la forme sphérique de ces galaxies. Souvent, les étoiles des régions centrales apparaissent plus riches en éléments lourds que les étoiles plus écartées du centre. Les ions métalliques présents dans l'atmosphère des étoiles les rendent plus opaques et tendent à diminuer leur température effective. Cet effet se manifeste par un rougissement de la lumière émise par le centre de la protubérance galactique.

L'influence de l'environnement

L'influence exercée par l'environnement local sur certaines caractéristiques des galaxies est indubitable. Dans les régions les plus denses en galaxies, les elliptiques prédominent, tandis que dans les régions raréfiées on ne trouve presque exclusivement que des spirales. La luminosité des galaxies varie aussi sur une large gamme de valeurs. Les géantes contiennent habituellement des étoiles en mouvement plus rapide et plus enrichies en éléments métalliques que les naines. Ces comportements évoquent une société capitaliste où les riches s'enrichissent toujours plus au dépens des pauvres. Effectivement, comme nous le verrons, les galaxies s'enrichissent en accaparant de plus petits systèmes.

Nuages en collisions

Les modèles théoriques remplissent une fonction très utile, que ce soit pour enseigner à un élève ou concevoir un avion, la modélisation est un guide inestimable pour accéder à la réalité. L'astrophysicien, lui, n'a pas beaucoup de choix. Puisque les étoiles sont hors de sa portée son seul recours est

L'évolution

de construire des modèles. Ses outils sont simplement du papier, un crayon et un ordinateur (et peut-être aussi une corbeille à papier de taille conséquente!), mais ses horizons sont illimités et l'univers attend son bon plaisir. Alors, agitons la marmite et concoctons une galaxie.

Les ingrédients de base sont des nuages de gaz dont la masse varie entre 10^6 et 10^8 masses solaires. Ces nuages mènent une existence paisible et solitaire jusqu'à ce que deux d'entre eux se rencontrent brutalement. De telles rencontres surviennent rapidement lorsque l'accumulation de nuages devient sérieuse. Les collisions types surviennent avec une vitesse grande par rapport aux mouvements caractéristiques des atomes dans chaque nuage individuel. Comme dans une collision à grande vitesse entre automobiles, chaque nuage est fortement comprimé par l'onde de choc qui le traverse. La compression augmente la densité du gaz, mais ne réchauffe celui-ci que sur une faible épaisseur. La température moyenne du gaz n'augmente pas, car celui-ci évacue sous forme de rayonnement la quasi-totalité de l'excès de chaleur communiqué par la compression. L'accroissement subit de pression provoque un accroissement énorme de densité quand le gaz se refroidit après le passage de l'onde de choc. Il se crée donc une couche fine et froide de densité élevée dans laquelle le rôle de la gravitation est renforcé. Les études sur les nuages comprimés suggèrent que ceux-ci deviennent instables, s'effondrent sur eux-mêmes et finalement se fragmentent. En définitive, les étoiles se forment à partir des fragments de gaz qui se contractent sous l'effet de leur propre gravitation. Une telle séquence d'événements est observée dans les bras spiraux des galaxies. Le taux de collision entre les nuages de gaz est renforcé à mesure que, d'orbite en orbite, ceux-ci sont entraînés dans le puits de potentiel gravitationnel qui délimite la spirale. Il en résulte une prolifération épidémique d'étoiles massives de courte vie déclenchée par les collisions de nuages de gaz interstellaires.

La main gauche de la création

La séparation des étoiles

Une fois formées, les étoiles se séparent du gaz environnant. A la manière d'une balle de fusil qui traverse l'atmosphère en conservant sa vitesse, les jeunes étoiles ont tendance à conserver toute l'énergie cinétique et la quantité de mouvement qu'elles ont reçues à leur naissance. Pendant ce temps, leurs nuages de gaz géniteurs continuent avec insouciance à dissiper leur énergie orbitale par collision avec d'autres nuages. Même si d'autres étoiles naissent de ces collisions successives, le sort de ces nuages est réglé : ayant perdu presque tout leur moment angulaire et leur énergie cinétique, ils tombent vers le centre galactique, destination finale de tout le gaz restant. A mesure que les nuages s'effritent pour former un nombre croissant d'étoiles, la concentration de ces dernières s'accroît fortement vers les régions du centre galactique. Ainsi, la protubérance centrale se développe et le processus ne prend fin que lorsque les réserves de gaz sont épuisées. Les débris résiduels s'agglomèrent au noyau de la galaxie et il est possible qu'ils s'effondrent pour former un trou noir massif.

La formation des disques

Pendant le même temps, les nuages en orbite qui possèdent un moment angulaire suffisant restent dans les régions externes de la protogalaxie où les rencontres entre nuages sont rares : ils ont donc des chances de survivre. Puisque le gaz conserve la plus grande part de son moment angulaire, même quand les nuages sont disloqués au cours des collisions ou de la formation d'étoiles, l'érosion progressive de ces

L'évolution

derniers doit aboutir à la formation d'un disque d'étoiles autour ou à l'intérieur de la composante sphéroïdale. Globalement l'effondrement et la perte d'énergie dans le mouvement aléatoire des nuages contribuent à donner aux étoiles des orbites presques circulaires et à engendrer un disque de faible épaisseur. Le disque consiste essentiellement en matériaux qui ont subi progressivement de fortes dissipations. Ses étoiles ont progressivement perdu la presque totalité des composantes de leur mouvement extérieur au plan du disque. Dans les systèmes sphéroïdaux d'étoiles, il semble que le processus de dissipation se soit achevé beaucoup plus rapidement en laissant un mouvement aléatoire résiduel important dans toutes les directions. Un examen plus précis des galaxies spirales révèle souvent la présence d'un disque d'étoiles anciennes, aux propriétés intermédiaires entre le sphéroïde et le disque fin d'étoiles plus jeunes et plus massives. Ces jeunes étoiles sont observées dans une couche pas plus épaisse que 300 années de lumières, dans laquelle se déroule la totalité des événements concernant l'activité de la matière interstellaire et la formation de nouvelles étoiles.

Les fusions

L'origine des galaxies est régie par des lois élémentaires de la physique. Nous pouvons comprendre la plupart des traits galactiques saillants à l'aide de notre modèle simple qui traite les nuages de gaz comme les cubes d'un jeu de construction. Certaines galaxies sont entièrement sphéroïdes, tandis que chez certaines autres le disque plan prédomine. Cela peut s'interpréter en termes d'environnement. Un agrégat isolé de nuages engendrera progressivement un disque de plus en plus prononcé. La situation est tout à fait opposée dans le cas où plusieurs agrégats de nuages entrent en fusion : toute mémoire d'un disque préexistant sera effacée pendant le brassage aléatoire des orbites qui intervient lors de la fusion.

Dans cette hypothèse, la prédominance des sphéroïdes galactiques dans les régions denses comme les amas riches de galaxies devient compréhensible, car les collisions y sont relativement plus fréquentes. Actuellement, une collision entre deux galaxies dans un amas riche n'a pas plus d'effet que le croisement de deux vaisseaux dans la nuit : les étoiles n'entrent pas individuellement en collision. C'est seulement pendant l'évolution galactique primitive, quand les galaxies consistaient essentiellement en nuages de gaz, que l'interaction aurait été bien plus efficace et spectaculaire (voir figure 4.5).

Dans le cas d'une collision douce, les systèmes se seraient fondus en un seul, mais dans le cas d'une rencontre à grande vitesse, aussi grande que celles que l'on trouve dans un grand amas, les nuages de gaz auraient été entraînés dans une orgie de destruction, réchauffés à des milliards de degrés et dispersés à travers l'espace intergalactique. Quand un grand amas émerge initialement de l'univers en expansion, les vitesses relatives entre les galaxies sont faibles. Sa masse allant croissant, l'amas agrège progressivement des galaxies. En définitive, l'accélération gravitationnelle s'accroît au point que les vitesses entre protogalaxies deviennent assez élevées pour détruire tout nuage de gaz restant. C'est à ce point que s'achève la phase d'évolution protogalactique. Les briques élémentaires ont été consommées ou détruites, seules demeurent les galaxies mûres.

Les sept naines

Les matériaux de construction galactiques ont-ils vraiment été entièrement épuisés ? Il ne semble pas que le processus

L'évolution

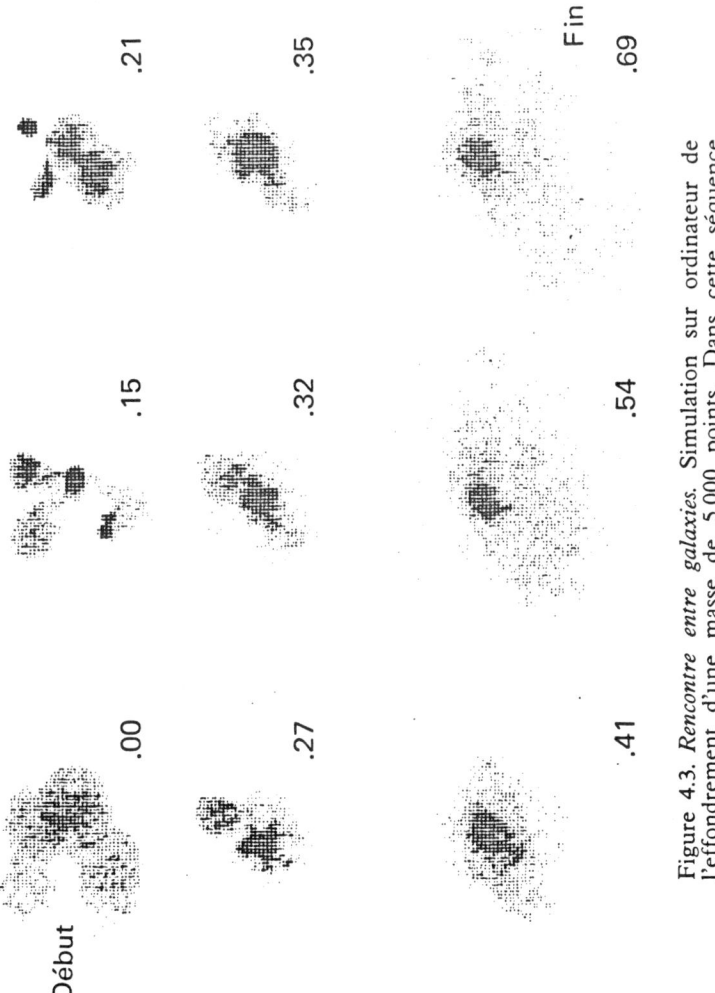

Figure 4.3. *Rencontre entre galaxies*. Simulation sur ordinateur de l'effondrement d'une masse de 5 000 points. Dans cette séquence d'événements, les inhomogénéités initiales évoluent vers une distribution régulière condensée autour d'un noyau central, qui ressemble à une galaxie elliptique.

de formation des galaxies ait été aussi efficace et il pourrait bien encore subsister des fragments dispersés autour de nous. Les galaxies naines ressemblent fort à de tels restes. Il est même possible que ces agglomérations de quelques millions d'étoiles faiblement liées soient très communes dans l'univers.

Les moins lumineuses de ces naines sont si faibles que l'on peut seulement les détecter dans notre voisinage immédiat. Sept de ces dernières, satellites de notre galaxie, ont été découvertes et baptisées de noms exotiques comme Draco, Fornax, la Carène et le Sculpteur. Ces naines sont si diffuses qu'elles semblent à tout moment être sur le point d'être disloquées par les forces exercées par notre propre galaxie.

Il a été découvert récemment une propriété de ces naines qui promet d'être importante pour le discernement de la nature de la matière obscure dans l'univers. Il semble que plusieurs des naines, en particulier le système de Draco, contiennent des quantités considérables de matière obscure. Les neutrinos massifs ne peuvent pas être invoqués pour expliquer la masse des naines, car ceux-ci ne peuvent pas être tassés suffisamment près l'un de l'autre. Le principe d'exclusion de Pauli limite le nombre d'états quantiques accessibles aux neutrinos : quand tous ces états sont remplis, le gaz de neutrinos est dit dégénéré et résiste à toute compression supplémentaire. Cependant nous avons rencontré précédemment un type de particules élémentaires exotiques, les axions, qui, à la différence des neutrinos, ne sont pas sujets à cette limitation. Les axions peuvent être tassés ensemble aussi près que le requiert la gravitation. Si le rapport élevé de trente masses solaires par unité de luminosité solaire était confirmé pour Draco et les autres naines, une particule froide et semblable au photon comme l'axion apparaîtrait comme la meilleure candidate au titre de matière obscure.

L'évolution

Existe-t-il des antigalaxies ?

Nous croyons que l'univers a commencé dans un état de symétrie où les quantités initiales de matière et d'antimatière étaient absolument identiques. Pourtant dans notre environnement local l'antimatière est absente. Cette prépondérance de la matière sur l'antimatière est une conséquence de la rupture de symétrie à l'époque de la grande unification, 10^{-35} seconde après le « big bang ». Dans la conception orthodoxe, ce rapport particulier du déséquilibre matière-antimatière a été fixé partout dans l'univers à ce moment précis. Néanmoins il n'est pas inconcevable d'imaginer que la transition se soit déroulée de manière totalement chaotique, laissant de vastes domaines de matière entourés de régions d'antimatière dont les tailles relatives varieraient de façon aléatoire d'un endroit à l'autre de l'univers. Dans ce cas, le choix final entre matière et antimatière dépendrait de l'orientation de certains champs quantiques dans chaque région particulière. Si ces orientations étaient réellement aléatoires, comme à pile ou face avec une pièce équilibrée, alors l'univers pris dans son ensemble ne pencherait en moyenne ni vers la matière ni vers l'antimatière. Quelle serait alors la taille des domaines de matière ? Certainement plus grand que notre galaxie, car la matière interstellaire se répand partout dans la Voie lactée : même si seulement un centième de la galaxie était composé d'antimatière, il s'ensuivrait une annihilation matière-antimatière telle que nous baignerions dans un flux de rayons gamma sans aucune mesure comparable à celui observé.

L'existence de galaxies ou d'amas d'antimatière n'est pas impossible. Optiquement, ces derniers seraient complètement indiscernables des galaxies ou amas ordinaires. Cependant le gaz intergalactique se répand presque partout dans l'espace et il serait très difficile d'éviter la rencontre matière-antimatière. Pour que le rayonnement gamma résultant soit ramené en dessous des limites observées, il faudrait supposer que notre domaine local de matière s'étend sur une portion considérable de l'univers observable. Cela semble si artificiel et improbable qu'il est plus vraisemblable qu'il n'y ait pas d'antigalaxie dans l'univers et tout à fait certain qu'il n'y en a aucune dans notre entourage.

Les plus grandes structures de l'univers

Depuis plusieurs années, on sait que la distribution des galaxies proches est nettement plus dense que la valeur moyenne dans une région du ciel qui s'étend sur dix-neuf degrés à proximité du pôle Nord galactique. Cette région de galaxies en excès a été surnommée le Super-amas Local; il contient l'amas de la Vierge et de nombreux groupes de galaxies moins importants. Le Groupe Local, dont notre Voie lactée et la galaxie d'Andromède sont les membres les plus importants, se situe aux abords du Super-amas Local, qui s'étend sur près de 100 millions d'années de lumière. Des examens approfondis de ce super-amas montrent qu'il est composé de deux parties distinctes : une couche aplatie contenant 60 % des galaxies lumineuses, entourée par un halo hétérogène qui contient le reste. Le volume du halo est presque partout vide, les galaxies s'y trouvant rassemblées en un petit nombre de nuages diffus.

Si le Super-amas Local a été l'objet d'une attention soutenue en raison de sa proximité, beaucoup d'autres super-amas ont été aussi identifiés. Souvent les super-amas consistent en deux ou trois amas riches de galaxies qui contiennent chacun plus d'un millier de galaxies brillantes dans un volume de cent mégaparsecs cubes. Les amas sont reliés par des filaments et des chaînes de galaxies lumineuses, ce qui donne souvent une forme allongée au

L'évolution

super-amas. Des analyses détaillées du décalage vers le rouge révèlent que l'espace est en plus grande partie dépourvu de galaxie brillante. La plupart des galaxies sont concentrées sur des chaînes de feuillets et de filaments, dont les super-amas sont les plus proéminents. La figure 4.4 montre une tranche du ciel qui contient le super-amas autour de l'amas de Coma.

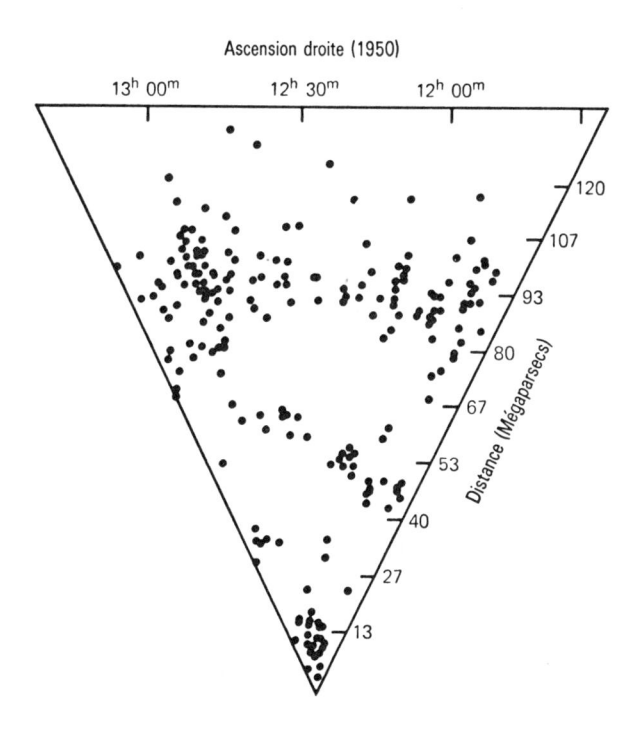

Figure 4.4. *Le super-amas de Coma.* Distribution des galaxies autour de l'amas de Coma. L'emplacement des galaxies est relevé dans un cône sous-tendu par un angle de 20 degrés.

La main gauche de la création

Réactions nucléaires dans les étoiles

Détournons-nous maintenant des structures gravitationnelles les plus grandes pour poursuivre notre quête de l'évolution vers les structures les plus petites. L'univers est devenu de plus en plus désordonné à grande échelle tandis que la complexité et l'ordre se sont développés à petite échelle. La quantité nette de désordre, ou entropie, dans l'univers est caractérisée par le rapport du nombre de photons par baryon : comme nous l'avons vu, celui-ci est dominé par le fond cosmique de rayonnement et ne s'accroît pas de manière significative avec le développement et la mort des étoiles. Mais, à petite échelle, l'entropie décroît incontestablement quand la matière se réarrange pour former les systèmes vivants hautement ordonnés. Une des clefs de cette interaction entre grande et petite échelle, désordre et complexité, est l'évolution chimique. Sans l'activité alchimique au sein des étoiles, l'univers ne contiendrait que de l'hydrogène et de l'hélium; les planètes solides ne pourraient pas se condenser : la vie n'existerait pas. Les premières étoiles ont réalisé la fusion des protons en noyau d'hélium. La légère diminution de masse qui intervient quand un noyau d'hélium se forme à partir de quatre protons libère de l'énergie. Quand le noyau stellaire a épuisé ses réserves de carburant hydrogène transformées en hélium, il se contracte sous l'effet implacable de la gravité et s'échauffe. Puisqu'un noyau d'hélium a une charge électrique double du proton, il faut fournir plus d'énergie pour surmonter la répulsion électrique entre les noyaux d'hélium et permettre leur fusion. Une fois que le cœur est suffisamment réchauffé, trois noyaux d'hélium fusionnent pour former un noyau de carbone, dont la masse est légèrement plus faible que les trois noyaux. Ce léger déficit de masse fournit de nouveau une source d'énergie.

L'évolution

Les supernovae

Une étoile lumineuse est une grande boule composée d'atomes démembrés formant ce que les physiciens appellent un plasma ou gaz ionisé. De telles étoiles sont extrêmement chaudes et d'apparence bleue. Les étoiles plus froides sont rougeâtres et, bien qu'encore composées de gaz, contiennent des atomes et des molécules plutôt que des particules libres chargées. La force de gravitation gigantesque comprime les étoiles à un point tel que leur centre serait solidifié si les réactions nucléaires qu'y s'y déroulent n'engendraient une contre-pression. De fait, les vieilles étoiles qui ont épuisé leur carburant nucléaire interne s'effondre sur elles-mêmes pour devenir des étoiles « naines » solides, comme un gros morceau de fer ou de charbon en train de refroidir.

Les réactions nucléaires se poursuivent, synthétisant des noyaux de plus en plus lourds, jusqu'à ce que soit produit du fer dans les étoiles d'au moins dix masses solaires. Les étoiles moins massives terminent leur cycle d'évolution avec des noyaux de carbone ou d'oxygène : elles sont appelées *naines blanches*.

Le fer est la cendre des fourneaux de l'univers, car il n'est plus possible d'extraire de l'énergie de la fusion de noyaux plus lourds. La désintégration radioactive ou la fusion de noyaux très lourds sont possibles, mais il faut fournir des quantités énormes d'énergie pour fabriquer ces noyaux. L'étoile atteint sa destinée finale lorsque son noyau s'est transformé en fer. L'épuisement de la source d'énergie interne signifie que rien ne peut plus entraver la contraction gravitationnelle; l'effondrement du noyau sur lui-même relâche suffisamment de chaleur pour évacuer les couches externes de l'étoile : c'est l'explosion d'une supernova. Le noyau stellaire se condense en un objet extrêmement compact aussi dense qu'un noyau atomique. En fait, le noyau entier se comporte pratiquement comme un noyau atomique géant et est appelé *étoile à neutron*. Pendant ce temps, les couches externes, riches en éléments lourds produits par fusion thermonucléaire, sont brutalement éjectées dans le milieu interstellaire environnant. L'héritage d'une étoile massive contient un legs involontaire : ses cendres sont les graines futures de la vie.

L'origine des éléments lourds

Les premières étoiles ont recraché du carbone, de l'oxygène, du silicium et du fer; ces éléments se sont répandus et mêlés de façon indiscernable au gaz environnant. Puis une nouvelle génération d'étoiles est née qui, par leur modeste contenu initial en éléments lourds, portaient l'empreinte du passé. La matière interstellaire primitive, initialement dépourvue de tout élément lourd, a été contaminée par les débris de l'évolution des étoiles. Le processus se perpétue ainsi indéfiniment; les étoiles naissent, vivent et meurent, et la matière dont elles se forment est progressivement enrichie en éléments lourds. Cependant, certains détails des processus de la naissance et de la mort d'une étoile restent obscurs. Nous n'observons que très peu d'étoiles non enrichies, survivantes des premières générations d'astres à se former. Il est possible qu'afin de constituer les germes galactiques, les nuages de gaz primitifs aient nécessairement engendré des étoiles massives de courte vie plutôt que des étoiles de masse solaire qui seraient encore visible aujourd'hui. Nous pouvons le spéculer mais nous ne comprenons pas vraiment comment cela s'est passé. Nous ne comprenons pas non plus tous les détails de la formation actuelle des étoiles dans les nuages interstellaires proches.

L'évolution

Les plus vieilles étoiles

Comme dans un échantillonnage de personnes choisies au hasard parmi la population, l'âge des étoiles qui nous entourent couvre un large domaine. L'âge des étoiles est déduit de la vitesse à laquelle elles consomment leur carburant nucléaire de façon à atteindre un état stationnaire de brillance dans leur plus longue phase de vie, celle où l'hydrogène se consume. Les étoiles les plus massives sont grandes consommatrices de carburant nucléaire. Par suite, leur vie est relativement courte. Leur gravitation intense impose des pressions centrales et des températures maximales beaucoup plus élevées que chez leurs collègues plus légères, c'est pourquoi les réactions nucléaires se déroulent bien plus rapidement au sein de leur noyau. Elles vivent plus vite et meurent plus jeunes.

Dans la ceinture d'Orion, par exemple, on trouve des étoiles nées il y a un million d'années seulement, soit encore des nouveau-nées du point de vue astronomique. Le Soleil, au contraire, est âgé de cinq milliards d'années et il se déroulera encore au moins cinq milliards d'années avant qu'il ait épuisé ses réserves d'hydrogène, quand les prémices de sa sénilité commenceront à avoir des répercussions catastrophiques pour la vie sur Terre. Les étoiles d'Orion sont regroupées en association de jeunes étoiles nées plus ou moins au même moment. On connaît aussi d'autres groupements d'étoiles plus anciens : les plus beaux et les plus vieux sont les amas globulaires. Ce sont même les plus anciens agrégats d'étoiles de notre galaxie formée il y a environ quinze milliards d'années.

Ces amas font partie du halo de notre galaxie. La plupart de ces étoiles sont très pauvres en carbone et en oxygène comparées au Soleil. Des observations montrent que les étoiles du halo se sont formées les premières, il y a quinze milliards d'années; leurs éjections ont enrichi les nuages de gaz restant qui, au cours de leurs collisions dissipatrices d'énergie, se sont progressivement installés dans le disque. Les plus vieilles étoiles du disque sont âgées de dix milliards d'années et notre Soleil s'est formé un peu plus tard, il y a cinq milliards d'années.

Les étoiles sont-elles inévitables ?

Un nuage de gaz qui se contracte reste froid quand sa densité augmente parce que les collisions atomiques évacuent l'énergie sous forme de rayonnement avec une grande efficacité. L'énergie thermique et la pression du gaz sont incapables de protéger le gaz contre les effets déstabilisateurs de la gravitation : il est impossible d'éviter la fragmentation du nuage. Les fragments initiaux sont eux-mêmes instables et se brisent en plusieurs générations de sous-fragments. Les estimations de la masse du plus petit fragment résultant sont très incertaines, mais il semble qu'elle soit de l'ordre de la masse d'une étoile. L'accroissement de densité finit par rendre les fragments assez opaques pour qu'ils s'échauffent et compensent la gravitation par des forces de pressions internes. Nous avons donc un ensemble d'objets protostellaires en contraction ralentie. Ils finissent par former des étoiles quand leur noyau atteint une température assez élevée pour déclencher des réactions thermonucléaires. Des effets physiques identiques opèrent à la fois dans les stades finals de l'évolution d'un nuage en contraction et pendant les stades les plus tranquilles de l'évolution stellaire. En vérité, c'est la raison pour laquelle la masse des étoiles à carburant nucléaire varie dans un domaine relativement étroit. Les étoiles les moins massives font un dixième de la masse du Soleil, tandis que les plus massives font environ cent masses solaires.

L'évolution

La poussière interstellaire

Le milieu interstellaire apparaît très nettement sur les photographies de la Voie Lactée à travers des régions soit totalement obscurcie, soit de nébulosité incandescente. Les nuages noirs obscurcissant contiennent de faibles particules de poussière qui absorbent et diffusent la lumière en provenance des étoiles en arrière-plan. Les étoiles lointaines paraissent plus rouge à cause de la diffusion des courtes longueurs d'onde par ces grains de poussière (dans l'atmosphère terrestre, un effet identique est responsable du rougissement du Soleil au coucher). Le gaz est ionisé par la présence d'une étoile chaude et émet de la lumière détectable par photographie. Ces étoiles chaudes qui illuminent leurs alentours nous permettent ainsi d'entrevoir ce qui se passe dans ces nuages autrement impénétrables et passifs où sont nées les étoiles.

La plupart des éléments plus lourds que l'hélium se condensent en particules solides à la température glacée du milieu interstellaire de dix degrés Celsius au-dessus du zéro absolu. Certaine de ces particules, plus fines que des grains de sable, dérivent l'une vers l'autre et se coagulent en particules plus grosses. Ces particules résident dans des grands nuages de gaz qui tournent autour du plan de la galaxie. Parfois les nuages entrent en collision et fusionnent. En définitive, les effets de la gravitation interne au nuage sont tellement renforcés que l'effondrement commence à se produire. Les régions les plus denses continuent à se contracter; une fois que l'effondrement a commencé, il est très difficile de résister à l'attraction de la gravitation.

La main gauche de la création

La nébuleuse protosolaire

Une partie d'un de ces nuages s'est effondrée il y a 4,6 milliards d'années. Le centre dense est devenu encore plus dense et chaud, tandis qu'un disque épais de gaz tourbillonnait autour. La plus grande part du moment angulaire a été conservée par le disque quand le protosoleil central a été engendré. Des grains tombèrent comme des grêlons à travers le gaz vers le plan central où ils balayèrent plus de particules. Cette neige de matière volatile s'agrégeat rapidement et les plus gros grains virent leur taille s'accroître. Le système solaire était en marche. En quelques dizaines de millions d'années, la plupart des petits corps comme les astéroïdes se sont formés. La gravitation a favorisé l'accrétion d'un nombre croissant de bloc rocheux jusqu'à ce qu'un système planétaire émerge. Chaque planète a dévoré pratiquement tout ce qui se trouvait sur son orbite. Les planètes géantes volatiles se sont formées loin du Soleil en capturant de grande quantité d'hydrogène et d'hélium, tandis que les planètes mineures ont retenu la plupart des grains réfractaires les plus lourds. La planète Terre est un des fruits de ce processus et c'est ici que s'arrête notre histoire de l'évolution cosmique (voir figure 4.5).

Notre voyage a été long. Ils nous a mené de l'univers observable renfermant seulement un millionième de gramme à l'univers enrichi des grands super-amas de galaxies. Nous avons couvert l'évolution cosmique sur une période de temps qui s'étend de 10^{-43} seconde à plus de dix milliards d'années. Néanmoins, les commencements restent enfouis et inaccessibles à l'observation. Ce sont pourtant vers ces commencements que nous devons nous tourner de nouveau pour nous assurer que notre théorie complexe et détaillée est autre chose qu'une mythologie moderne, une version d'un conte parmi tant d'autres.

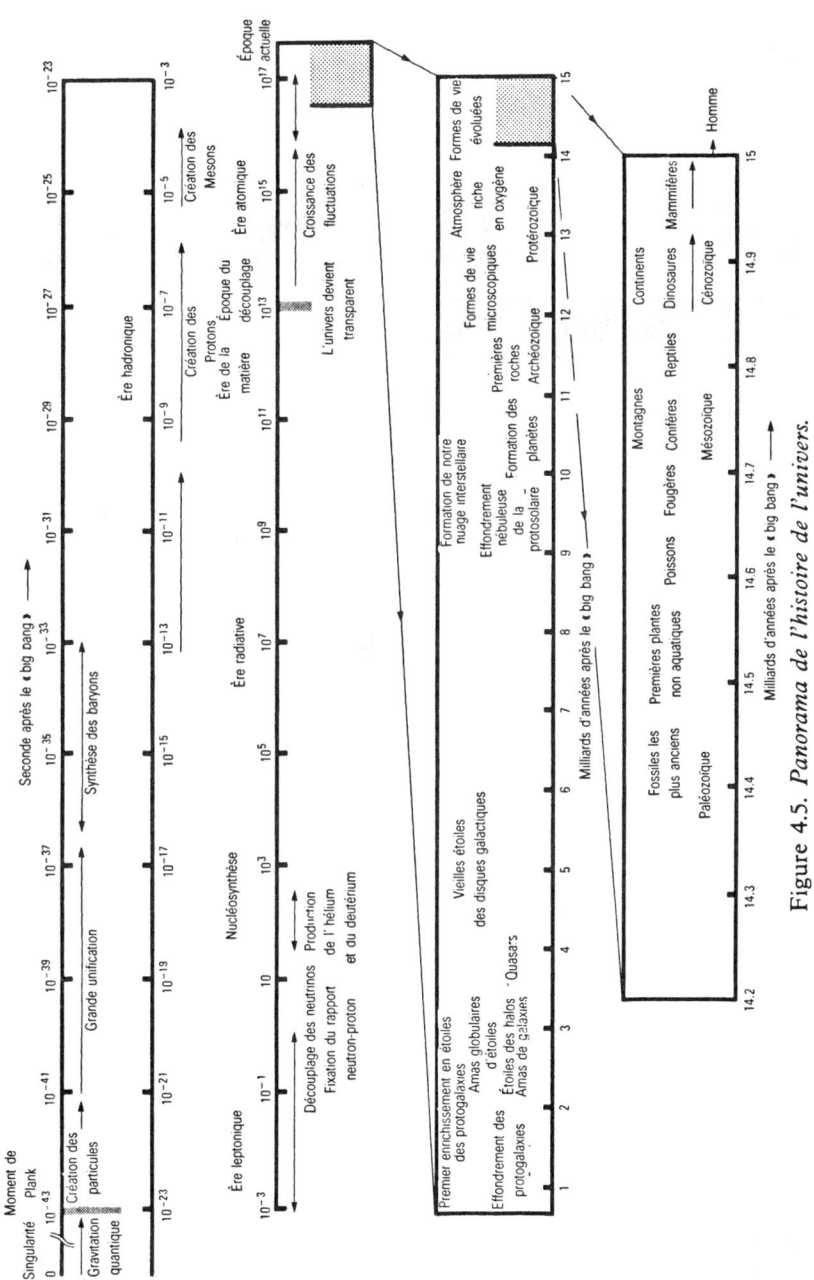

L'évolution

Figure 4.5. *Panorama de l'histoire de l'univers.*

5

DU CHAOS AU COSMOS

Notre voyage imaginaire de la singularité originelle de l'espace et du temps aux structures lumineuses complexes qui s'étendent aujourd'hui au-delà de la portée de nos plus grands télescopes nous a enseigné une importante leçon. L'arrangement actuel de l'univers est inextricablement lié aux conditions qui ont prévalu dans un passé lointain, avant l'apparition des étoiles, des galaxies et des astronomes. Les choses sont aujourd'hui comme elles sont parce qu'elles ont été comme elles ont été. Ce lien causal direct entre le passé et le présent nous incite à marquer une pause pour s'interroger jusqu'à quel point l'univers aurait pu être différent de ce qu'il est à présent. Pour donner une réponse satisfaisante à une telle question, il est nécessaire de déterminer quels aspects sont inévitables dans la structure de l'univers, il faut distinguer ceux qui découlent éventuellement de lois de conservation inflexibles de la nature de ceux qui ont émergé parmi d'autres choix également possibles. Quelles seraient les propriétés cosmi-

Du chaos au cosmos

ques aujourd'hui modifiées si les conditions initiales de l'expansion de l'univers avaient été complètement différentes ? En gardant à l'esprit cette question, nous allons maintenant examiner en profondeur certaines propriétés spéciales observées dans l'univers qui suggèrent que certains événements très particuliers se sont déroulés aux premiers instants du cosmos. De tels événements stimulent la plupart des recherches contemporaines sur l'histoire de l'univers parce qu'ils soulèvent des questions actuellement non résolues et peut-être sans réponse.

La symétrie

Prenez une balle de tennis, tournez-là et examinez-là : elle est parfaitement régulière et sphérique; les écarts à la symétrie sphérique y sont très légers et à peine perceptibles à l'œil. Pourtant le fond cosmique de rayonnement micro-onde observé de la Terre de toute les directions de l'espace montre que l'univers observable est, dans son ensemble, encore plus symétrique qu'un tel objet. L'écart relatif entre les vitesses d'expansion mesurées dans deux directions du ciel est inférieur à 0,1 %. Intuitivement, cela signifie que l'univers se dilate comme une boule parfaitement sphérique vu de n'importe quel point du cosmos. On dit que l'expansion cosmologique est *isotrope,* c'est-à-dire qu'elle ne présente aucune direction préférentielle.

Imaginons un observateur cosmique qui se déplacerait dans l'univers, explorant de vastes agrégats de galaxies. Il découvrirait une tendance systématique très frappante dans leur répartition spatiale. Quand on sélectionne des régions de l'univers de plus en plus grandes, contenant un nombre croissant de galaxies, les quantités de matière mesurées dans des régions de volumes identiques tendent vers une valeur unique. Sur des régions cubiques de trois milliards d'années de lumière de côté, la variation relative de masse est inférieure à 1 %. Ces observations indiquent que l'uniformité de l'univers s'accroît lorsque l'on considère des échelles spatiales de plus en plus grandes. Les irrégularités si remarquables à petite échelle, comme les planètes, les étoiles ou les galaxies, sont progressivement effacées en valeur moyenne sur les échelles croissantes considérées. Vu sur des dimensions suffisamment étendues, l'univers semble spatialement homogène.

Ce haut degré d'isotropie et d'homogénéité de l'univers est une propriété remarquable qui évoque l'idéal de perfection des anciens cosmologues grecs. En vérité, jusqu'au milieu des années 1960, les cosmologues voyaient l'univers comme un substrat homogène en expansion sur lequel il apparaissait quelques petites condensations sous la forme de galaxies et d'étoiles. Ils considéraient comme admise l'existence de ce substrat symétrique et cherchaient à expliquer l'origine des condensations par l'instabilité gravitationnelle. Alors qu'Einstein avait postulé ces idéalisations à partir de sa foi aveugle en la simplicité de la nature, leur évidence astronomique n'a pas cessé de s'accroître depuis que Hubble dénombra pour la première fois les galaxies dans les différentes directions du ciel. Elles ont résisté aux examens approfondis permis par des instruments toujours plus sensibles.

Quand les premières mesures de l'isotropie de la température du rayonnement de fond cosmique furent effectuées en 1965 à l'université de Princeton, cette découverte spectaculaire entraîna une révision complète des conceptions cosmologiques. Les résultats étaient si frappants que l'on commença à douter que les petites inhomogénéités de l'univers méritaient une explication. Peut-être la régularité extraordinaire de l'expansion globale était-elle bien plus mystérieuse. Après tout, les irrégularités peuvent survenir de nombreuses façons, mais la régularité est unique. Le désordre est beaucoup plus probable qu'un état de régularité qui suppose une

Du chaos au cosmos

configuration très particulière. Pourquoi donc l'univers devrait-il être aussi symétrique aujourd'hui ?

Le chaos primitif

Cette question a conduit à la formulation de la version moderne d'une hypothèse qui tire son origine des plus anciennes conceptions cosmologiques. Elle oppose au commencent ordonné et régulier de l'univers, une expansion à partir d'un état complètement chaotique. Le but poursuivi par l'école dite de la « cosmologie chaotique » était de fournir une explication à la régularité observée dans l'univers sans faire appel à des conditions initiales particulières fixées aux commencements incertains de l'histoire de l'expansion. Le promoteur de cette approche, le physicien américain Charles Misner, voulait montrer que, quelles que soit les conditions chaotiques aux commencements de l'univers, il se dilaterait et se refroidirait inévitablement pour aboutir à un état régulier et isotrope au bout d'un certain temps. Le chaos aurait été totalement extirpé par des processus de frottements au cours de l'histoire primitive de l'univers. Au lieu de supposer purement et simplement que la régularité faisait partie des conditions initiales, Misner voulait montrer comment celle-ci pouvait être expliqué sans avoir recours à aucune hypothèse particulière concernant l'origine de l'univers.

Une petite illustration est nécessaire. Imaginez que vous placez un ami au sommet d'une falaise, muni d'un tas de pierres, tandis que vous restez au niveau du sol avec les yeux bandés. Vous lui demandez de jeter les pierres en l'air, certaines rapidement, d'autres doucement, selon un choix arbitraire. Maintenant, pouvez-vous dire à quelle vitesse les pierres viennent frapper le sol (espérons-le !) à côté de vous ?

La main gauche de la création

De prime abord, vous pourriez être tenté de répondre : « Non, bien sûr : si elles sont lancées rapidement, elles viendrons frapper durement le sol, mais je suis incapable de prédire leur vitesse d'impact puisque je ne peux pas voir *comment* elles sont lancées. » Mais cela n'est pas exact.

Si la falaise est suffisamment élevée, vous pouvez réellement prévoir la vitesse d'impact sans voir la manière dont votre ami a choisi de lancer la pierre. La raison vient du fait que les corps en chute dans l'air sont très rapidement accélérés par la gravité jusqu'à une vitesse particulière, atteinte quand la force de pesanteur accélératrice est exactement compensée par la force de freinage de la résistance de l'air. Quand ces forces opposées deviennent d'intensité égales, aucune force n'agit plus sur le corps et il continue son mouvement à vitesse constante suivant la loi de l'inertie. Cette vitesse, appelée la « vitesse limite », est déterminée par le rapport des accélérations dues à la pesanteur et à la résistance de l'air. Si le temps de chute des pierres lancées du haut de la falaise est suffisamment long, elle toucheront le sol avec cette vitesse limite quelque soit la façon dont elles ont été lancées; si elles sont jetées très rapidement, la résistance de l'air agira de façon prédominante pour les décélérer jusqu'à la vitesse limite; si elle sont simplement lâchées au repos, la gravité les accélérera jusqu'à cette même vitesse. Cela signifie aussi évidemment que si nous voulions savoir comment la pierre a été jetée, nous serions dans l'impasse, parce qu'elle a perdu tout souvenir de sa vitesse initiale et frappe le sol avec la vitesse limite quelque soit celle-là.

La philosophie de la cosmologie chaotique est tout à fait analogue. Elle suppose que, quelque soit l'aspect chaotique et anisotropique de l'expansion initiale au « big bang », après l'écoulement d'une période de temps suffisante, les régions en expansion plus rapide seront ralenties par frottement jusqu'à ce que toutes les parties de l'univers se dilatent à la même vitesse finale. Dans cette hypothèse, les observateurs actuels voient un univers régulier et isotrope parce qu'ils

Du chaos au cosmos

vivent dans une époque très éloignée de l'enfer du « big bang ». Évidemment, c'est une approche très séduisante du problème cosmologique ; elle rend la question : « A quoi ressemblait le début de l'univers ? » tout à fait hors de propos pour accéder à la compréhension de sa structure actuelle. La régularité observée aujourd'hui pourrait tout aussi bien résulter d'un ordre ou d'un chaos primitifs, dont toute trace aurait été effacée par les processus de frottements dans un passé lointain.

Il existe bien certains processus qui ont pu jouer un rôle dissipatif à l'époque de l'univers primitif. En particulier, quand l'univers est âgé d'une seconde, juste avant la nucléosynthèse des éléments légers décrite à la fin du chapitre 3, les neutrinos cessent juste d'interagir avec d'autres particules. La distance moyenne que peut parcourir un neutrino avant d'entrer en collision avec une autre particule devient plus grande que la distance qu'il est capable de traverser durant une période de temps équivalente à la vie entière de l'univers. Ce qui signifie la disparition de pratiquement toute collision impliquant des neutrinos. Cependant, juste au moment où les neutrinos sont sur le point de tomber dans l'isolement total du reste de la matière, ils connaissent une brève période de rémission pendant laquelle ils ont encore l'occasion d'interagir au prix d'une traversée de la quasi-totalité de l'univers. C'est à ce moment qu'ils jouent alors un rôle dissipatif important. S'ils proviennent d'un endroit où soit la densité de matière soit la vitesse d'expansion cosmique excèdent la moyenne, ils sont capables de traverser l'univers entier avant de céder leur excès d'énergie à une particule plus lente en tout lieu où les conditions sont plus atténuées. De cette façon, des disparités importantes dans la distribution de matière sont effacées, les vitesses d'expansion ramenées à la même valeur dans différentes directions, les conditions de densité et de température rapidement uniformisées : ce transport d'énergie par les neutrinos pratiquement dépourvus de masse est appelé *viscosité des neutrinos*.

La main gauche de la création

Il est amusant de remarquer l'analogie qui existe entre l'explication de la régularité de l'univers à grande échelle et le débat traditionnel à propos de la nature de l'intelligence. D'un côté, certains proclament que la contribution principale à l'intelligence provient des facteurs génétiques hérités à la naissance et que l'influence de l'environnement joue un rôle négligeable. De l'autre côté, on affirme au contraire le rôle prédominant de l'environnement sur le développement des capacités intellectuelles. La théorie de l'univers chaotique est analogue à la seconde de ces options : elle affirme que la structure à grande échelle a été principalement engendrée par l'évolution historique de l'univers primitif ou, en d'autres termes, que son caractère résulte de tous les interactions et phénomènes physiques qui sont intervenus de façon inévitable au cours de l'expansion. L'autre point de vue plus traditionnel suppose que l'univers a commencé dans un état de haute symétrie, avec quelques petites fluctuations qui se sont développées progressivement au cours du temps. Dans ce scénario d'une cosmologie paisible, la régularité présente est directement attribuable au « bagage génétique » initial et l'évolution historique n'y contribue pratiquement pas.

Il pourrait être invoqué de nombreux arguments pour défendre la cosmologie chaotique tout autant que pour la cosmologie paisible. Il est certain que l'hypothèse chaotique semble posséder un plus grand pouvoir explicatif et permet de rendre compte de nombreuses observations à partir d'un nombre réduit d'hypothèses particulières par rapport à sa rivale qui ne semble pas expliquer réellement les choses. L'hypothèse paisible dit purement et simplement que l'univers est régulier aujourd'hui parce qu'il l'était hier. Néanmoins l'hypothèse chaotique paye le prix de ses avantages par la complexité des calculs qu'elle suppose. Afin de prouver sa validité, il est nécessaire d'étudier toutes les conditions initiales concevables pour l'univers et de vérifier que chacune d'entre elles conduit à une régularisation au cours de l'expansion primitive ; cette voie prend le chemin de la difficulté. Il est plus facile d'en prouver la fausseté en trouvant un ensemble de conditions initiales qui évoluent vers l'irrégularité. Au contraire, le scénario de la cosmologie paisible est fondé sur une hypothèse très particulière de simplicité dont les conséquences peuvent être développées rapidement.

La mort du chaos

Supposons que l'hypothèse de la cosmologie chaotique soit acceptée à titre d'exemple et voyons-en les implications découvertes par les cosmologues lorsqu'elle est examinée attentivement. Dans l'exemple des pierres qui tombent, nous avons vu que ces pierres atteignent seulement la vitesse limite si leur chute est assez longue. Nous avons vu aussi que, plus la pierre est lancée fort par notre ami, plus elle mettra de temps pour perdre la mémoire de sa vitesse initiale et être portée à la vitesse limite. Si la falaise n'est pas très haute, il serait en principe possible de jeter une pierre si fortement qu'elle n'eût pas le temps de ralentir jusqu'à la vitesse limite avant de frapper le sol. Par conséquence, nous serions incapable de prédire la vitesse d'impact de cette pierre parce qu'elle n'aurait pas totalement effacé la mémoire de sa vitesse initiale avant de nous atteindre.

De la même façon, il est toujours possible de concevoir des conditions de départ de l'expansion cosmologique si chaotiques et si différentes de l'état final ordonné qu'aucun processus physique ne pourrait agir assez rapidement pour rendre l'univers aussi régulier que nous l'observons aujourd'hui. On a tout d'abord espéré que ces contre-exemples ne mettraient pas la cosmologie chaotique en péril dans la mesure où ces modèles ultra-chaotiques constituaient des cas très particuliers, aussi particuliers en vérité que le cas

La main gauche de la création

des conditions initiales précisément régulières. Pour visualiser la situation dans laquelle se trouve la théorie, imaginons que la surface de cette page représente une carte des conditions initiales possibles de l'univers. Représentons en rouge tous les points conduisant à un univers à présent isotrope comme le nôtre et en bleu, les points qui n'y conduisent pas. Tout point de la page est alors colorié soit en rouge soit en bleu. Si la page apparaissait entièrement rouge, la théorie de la cosmologie chaotique serait tout à fait confortée; cependant, même la présence de points bleus infinitésimaux isolés ne serait pas pour l'inquiéter. En effet, quelque soit leur nombre, tant que les points bleus ne se combinent pas pour former une surface finie, presque tout échantillonnage de conditions initiales conduit à l'univers régulier, car on peut toujours trouver des points rouges aussi proches que l'on veut d'un point bleu isolé. Ainsi pour représenter l'expansion initiale par un de ces points bleus, il faut ajuster les conditions initiales de façon extrêmement particulière. Les points qui résident dans les régions finies de même couleur n'ont pas besoin d'être visés avec autant de précision puisque tout point du voisinage donnera un autre modèle aux propriétés identiques.

Or il se trouve que la page contient de nombreux points bleus représentant des univers qui ne deviennent pas réguliers à l'époque actuelle et, pis encore, dont certains ne se rapprochent jamais d'un état régulier final quelque soit la durée de leur expansion : ils deviennent de plus en plus irréguliers. D'autre part, non seulement les points bleus sont rassemblés en domaines finis, mais ce sont les points rouges qui apparaissent isolés et improbables.

La théorie mathématique de l'univers en expansion semble favoriser les cas tout à fait opposés à la théorie de la cosmologie chaotique : presque tout ensemble de conditions physiques réalistes pour le début de l'univers conduit finalement à un monde extrêmement anisotrope et inhomogène, tout à fait différent du nôtre. Pour une raison encore

Du chaos au cosmos

inconnue, les conditions initiales de notre univers appartiennent à un ensemble de points rouges très particuliers : ceux qui commencent l'expansion de façon hautement symétrique. Malgré cela la théorie de la cosmologie chaotique remplit une fonction utile. Elle met en valeur certaines propriétés de l'univers jusqu'ici négligées et éclaire d'un jour nouveau un réseau d'énigmes cosmologiques qui doivent être expliquées si nous voulons comprendre la structure globale de l'univers dans lequel nous vivons.

Les horizons du passé

Supposons que l'univers commence son expansion à un certain moment du passé et qu'à partir de ce moment une horloge commence à mesurer le temps. Supposons aussi, en accord avec la cosmologie chaotique, que différents points de l'espace soient dotés de vitesses d'expansion et de densités de matière différentes à ce moment. Afin de réduire ce déséquilibre, il faut qu'il existe des possibilités de transférer de l'énergie et de la matière d'un endroit à l'autre. Cela ne peut pas être fait instantanément : ces échanges mettent un certain temps à s'effectuer.

Ils s'effectuent le plus rapidement possible lorsque l'énergie et l'information sont transférées à la vitesse de la lumière, 3×10^{10} cm/s. Aucune information sur la nature des propriétés locales de l'espace et du temps ne peut être transmise plus rapidement que cette vitesse limite universelle. Cela signifie qu'au bout d'un temps t après le début de l'expansion, le signal n'a pu se propager que sur une distance égale au produit de la vitesse de la lumière part le temps t.

Après une seconde d'expansion, c'est-à-dire au dernier moment où les neutrinos ont été capable de dissiper le chaos initial, la distance maximum sur laquelle les propriétés de l'univers pouvaient être coordonnées était de 100 000 kilomètres seulement, soit proche de la taille de la planète Jupiter. L'expansion de l'univers jusqu'aujourd'hui a dilaté cette région de coordination d'un facteur 10^{10}, mais à présent, nous observons l'uniformité spatiale sur des dimensions aussi grandes que 10^{23} kilomètres. Les processus de liaison et de dissipation sont trop lents pour permettre à ces gigantesques parties isolées de l'univers de connaître même leur existence commune. Alors, pourquoi donc ont-ils la même densité moyenne avec moins de 0,1 % d'écart ?

Cette division de l'univers en domaines cohérents limités par le trajet maximum parcouru par la lumière est une propriété appelée *structure en horizons*. La dimension actuelle de l'horizon est d'environ 10^{23} kilomètres. Il enclôt et définit ce que nous appelons *l'univers observable*. C'est la seule partie de l'univers de laquelle un signal lumineux a eu le temps de nous parvenir.

A côté de la limite impérative qu'elle impose à la portée de tout processus atténuateur envisagé par la cosmologie chaotique, la présence des horizons cosmologiques rend la symétrie observée dans l'univers encore bien plus surprenante. Supposons l'espace représenté par un axe horizontal et le temps, par un axe vertical dirigé vers le haut (voir figure 5.1). Les signaux lumineux se déplacent le long de demi-droites; si nous sommes au point O, nous ne pouvons être influencés que par des événements causaux situés dans le cône d'espace-temps OCD, appelé cône du passé (sur notre figure il est représenté par un triangle car nous ne prenons en compte qu'une seule direction de l'espace).

Suivons maintenant le trajet d'un point de l'univers depuis le « big bang » initial. Pendant la durée de l'expansion jusqu'en O, un observateur en ce point est potentiellement influencé par la portion CD de la singularité initiale. La régularité du rayonnement micro-onde peut-être considérée dans ce cadre; soit AB le segment correspondant à l'instant

Du chaos au cosmos

ou les photons micro-ondes cessent d'interagir avec la matière et commencent à se propager librement vers nous, emportant avec eux une image de la structure de l'univers à la fin de l'époque de la diffusion, plus d'un million d'années après le « big bang ».

L'uniformité de la température de ce rayonnement observée dans les différentes régions du ciel indique que les points A et B de l'espace-temps ont des caractéristiques identiques : même vitesse d'expansion, même température et même densité. Mais si nous examinons les régions de la singularité initiale qui ont déterminé les conditions en A et B, nous voyons qu'elles se trouvent respectivement dans les sections CE et FD, disjointes au début de l'univers. En aucune façon les conditions en CE n'ont pu influencer celles en FD, ou même connaître leur existence, avant que l'univers ait existé assez longtemps pour permettre la liaison entre CE et FD par signal lumineux; ce moment intervient en O.

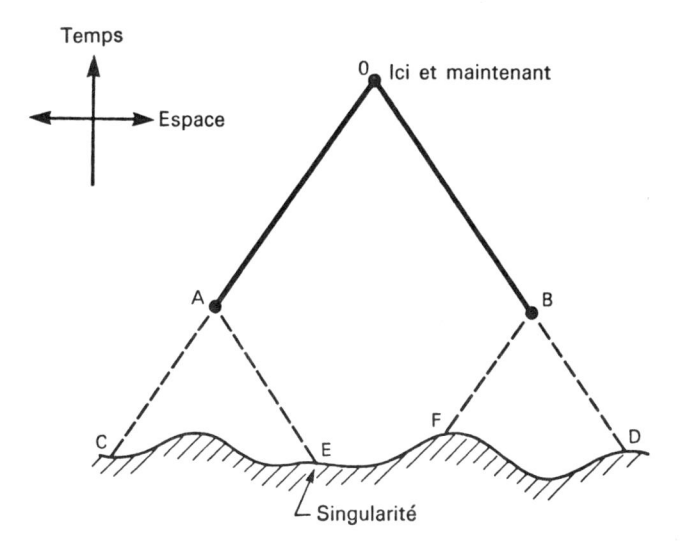

Figure 5.1. *Note cône du passé.*

La main gauche de la création

Les parties du fond cosmique de rayonnement micro-onde séparées aujourd'hui par des angles de plus de 15 degrés n'ont jamais été en contact causal depuis l'existence de l'univers et pourtant, elles partagent les mêmes caractéristiques physiques avec moins de 0,1 % d'écart. C'est comme si vous aviez invité un millier de personnes pour un banquet, sans leur avoir indiqué aucune tenue particulière, et que vous les voyiez toutes arriver avec exactement le même costume de soirée. Cela pourrait être une pure coïncidence, mais l'existence d'une raison plus complexe paraîtrait plus vraisemblable. La cosmologie chaotique envisage un processus « régularisateur » : tous les invités se sont rencontrés avant la soirée pour coordonner le choix de leur vêtement. Seulement, le problème de l'horizon assure que certains invités vivent trop loin l'un de l'autre pour avoir eu le temps de se rencontrer entre la réception du billet d'invitation et le jour du banquet. Seuls les proches voisins sont capables de coordonner leur choix. La cosmologie paisible, qui envisage l'hypothèse de conditions initiales régulières, voudrait nous persuader que les invités ont des personnalités et des goûts tellement similaires (ou peut-être parce qu'il n'y a pas d'autre choix de vêtement dans le commerce) qu'ils ont tous choisi indépendamment le même costume. Une autre possibilité est que nos dîneurs soient télépathes, c'est-à-dire qu'une loi physique différente des lois connues intervienne. En vérité, la cosmologie entrevoit la possibilité d'une époque où de nouvelles loi physiques ont pu être mises en jeu. Avant 10^{-43} seconde d'expansion, l'univers se trouvait dans un état régi par la gravitation quantique, impossible à décrire par nos théories courantes; peut-être la propagation d'un signal n'était-elle pas alors limitée par la vitesse de la lumière. Les horizons auraient alors disparu et un processus de gravitation quantique encore inconnu aurait coordonné les différentes parties de l'univers.

Notre exemple peut encore nous aider à illustrer une suggestion peu ordinaire : si l'univers est si régulier à grande

Du chaos au cosmos

échelle, c'est parce que l'étendue de sa régularité est tout simplement une illusion. Au lieu d'imaginer l'étendue de l'espace-temps comme une feuille de papier à plat, supposons que nous collions deux bords de la feuille pour former un cylindre (voir figure 5.2). Cela ne modifie pas l'apparence locale de l'espace car une région de faible extension sur la surface courbe d'un cylindre semble plate, tout comme l'endroit de la surface sphérique de la Terre où nous nous trouvons en ce moment. Mais globalement, un changement significatif est intervenu à savoir un changement de topologie.

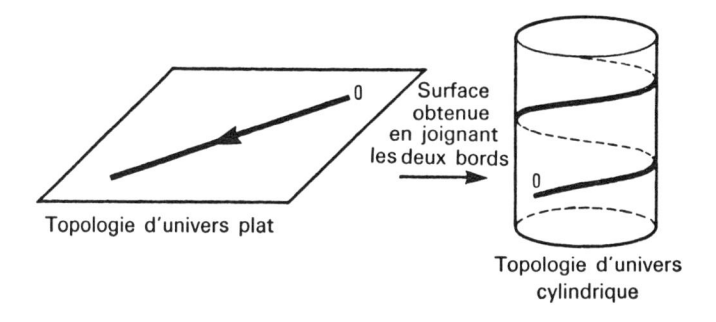

Figure 5.2. *Topologies.*

Un signal lumineux se propageant sur la surface de l'espace-temps plat continue son chemin dans sa direction première, mais dans l'espace-temps cylindrique, il s'enroule indéfiniment en spirale. Dans le deuxième cas, nous croyons voir jusqu'à des distances très grandes parce que les trajets en spirale des rayons lumineux deviennent de plus en plus longs à mesure que l'univers prend de l'âge, mais en vérité nous ne voyons seulement qu'à une distance fixe limitée par la circonférence du cylindre. Nous voyons à n'en plus finir les mêmes images à différents moments de leur histoire, à mesure que les rayons lumineux s'enroulent autour du cylindre. Nos fameux dîneurs tous habillés pareil pourraient bien se réduire à seulement quelques invités aux images multipliées par le jeu des miroirs couvrant les murs de la salle de banquet! Ce type d'univers à topologie exotique n'est pas pris très au sérieux par les cosmologues parce qu'il est très difficile de confirmer ou d'infirmer sa validité par l'observation. Le mieux que l'on puisse faire est de déterminer la taille minimum du cylindre susceptible de produire ces illusions en choisissant un objet très éloigné dans le ciel, comme l'amas de Coma, et en cherchant ses images multiples éventuelles. Cette procédure permet de repousser la dimension minimum d'un univers cylindrique vers une limite très proche de la taille de l'univers observable doté d'une simple topologie plane. Jusqu'à présent, il ne semble pas qu'il y ait d'autres conséquences significatives observables. Il n'est pas impossible que l'extension de nos connaissances de l'univers nous amène un jour à modifier cette conclusion.

La chaleur du chaos

Nous pouvons en apprendre davantage sur les commencements de l'univers en explorant l'hypothèse de la cosmologie chaotique par un autre chemin. Commençons de nouveau par un exemple familier pour conforter notre intuition avant d'affronter les territoires inconnus de l'univers primitif. Imaginez une roue de bicyclette tournant très rapidement sur laquelle on applique brusquement les freins : l'énergie du mouvement de rotation semble soudainement disparaître. Cependant, en touchant les patins de freins, on s'aperçoit que celle-ci n'a pas été complètement perdue, mais c'est simplement transformée en énergie calorifique. Ceci est caractéristique des processus de dissipation par frottement : ils dégradent les formes de mouvement ordonnées pour les transformer en rayonnement de chaleur désordonné. Le

Du Chaos au Cosmos

degré de désordre est mesuré par une grandeur appelée *entropie*; cette grandeur doit nécessairement s'accroître dans tout processus physique : c'est la seconde loi de la thermodynamique.

Si nous mesurions la quantité d'énergie calorifique contenue dans les patins de freins en relevant leur température connaissant leur capacité calorifique, nous pourrions estimer une valeur de l'énergie du mouvement de rotation que possédait la roue. Nous ne pourrions pas en déterminer la valeur exacte parce qu'une partie de l'énergie s'est dispersée sous d'autres formes, comme la dissipation due à la résistance de l'air, le bruit émis, etc., mais nous pourrions en déduire la valeur *minimum* de la vitesse de la roue compatible avec la quantité de chaleur fournie aux patins.

Le fond cosmique de rayonnement micro-onde est le réservoir de chaleur de l'univers. Tout dégagement de chaleur engendré par frottement ou dissipation s'est dégradé sous cette forme pendant l'histoire primitive de l'univers. Si l'univers a commencé dans un état complètement désordonné et, par quelque moyen inconnu, a réussi à dissiper ces mouvements chaotiques pour devenir ordonné, la chaleur entropique dégagée n'a pas pu être dissimulée. Plus l'univers a été initialement chaotique, plus il a fallu dissiper d'énergie pour l'amener à l'état de régularité actuel et plus la température du rayonnement présent devrait être élevée.

Le rapport du nombre de photons par baryons qui, comme nous l'avons déjà vu, est proche de un par milliard, fournit une mesure de l'entropie de l'univers. Ce nombre limite la quantité de chaos qui a pu être éliminée de l'expansion de l'univers après le moment où le nombre de baryons a été fixé en tout lieu, 10^{-35} seconde seulement après le « big bang ». Si les irrégularités brute de l'univers ont été atténuées par des processus de frottement qui obéissent aux lois de la thermodynamique, en particulier à la loi de croissance de l'entropie, ceux-ci ont dû nécessairement achever de dissiper le chaos primordial à cet instant extraordinairement précoce. S'ils

La main gauche de la création

avaient continué d'agir de manière significative au-delà de ce moment, la production de chaleur aurait été excessive au point que la vie n'eût peut-être pas été possible dans l'univers actuel.

Tous ces arguments réunis se liguent pour nous convaincre que l'isotropie et l'homogénéité à grande échelle dans l'univers est un phénomène tout à fait remarquable : il ne peut pas être expliquer par les simples phénomènes physiques que nous comprenons à présent, mais est intimement liée aux événements qui inaugurèrent l'expansion de l'univers. Cela semble une fort mauvaise nouvelle pour quiconque souhaite expliquer les propriétés du monde observées par des principes généraux et des lois de la nature, plutôt que par des conditions de départ très particulières, par définition inaccessibles à l'investigation scientifique. Mais il demeure une lueur d'espoir à travers ces nuages de mauvaise augure : si la structure actuelle est complètement déterminée par la configuration initiale de l'univers, il devient alors possible d'apprendre quelque chose sur les événements les plus primordiaux en examinant les vestiges et les fossiles cosmiques que nous voyons autour de nous aujourd'hui sous la forme de galaxies, de champs de rayonnement et d'amas. L'hypothèse de la cosmologie paisible autorise cette possibilité totalement exclue par la cosmologie chaotique.

Les modèles d'univers d'Einstein

Jusqu'ici dans ce chapitre, nous avons beaucoup parlé de modèles possibles d'univers, chaotiques ou symétriques, chaud ou froid, ou dotés de topologies peu ordinaires. D'où proviennent tous ces modèles et à quoi ressemblent-ils ? Notre expérience de la théorie de la relativité générale d'Einstein montre que celle-ci a mis à jour la théorie de la

Du Chaos au Cosmos

gravitation de Newton de manière à la fois remarquable et complexe. Bien que la théorie de Newton soit tout à fait appropriée pour les calculs concernant la construction des bâtiments ou le lancement des missiles, la théorie d'Einstein devient nécessaire pour traiter les systèmes à forts champs de gravitation ou les objets qui se déplacent à une vitesse proche de celle de la lumière. Cette théorie a été testée très attentivement par de nombreuses méthodes pour vérifier ses prédictions particulières qui diffèrent de celles de la théorie newtonienne. Elles incluent la courbure de la lumière par la gravitation, le mouvement orbital précis de Mercure autour du Soleil, le retard des signaux radio en provenance des sondes spatiales, et prochainement, la vitesse de précession des gyroscopes en orbite autour de la Terre. La théorie d'Einstein a permis de rendre compte de façon précise de tels phénomènes physiques nouveaux et surprenants. Ajouté à ces succès, l'attrait de l'élégance et de la puissance des idées d'Einstein ont contribué à convaincre les physiciens que cette théorie est une excellente approximation de la réalité. Il n'a encore été trouvé aucun fait expérimental qui contredise ses prédictions.

Pour ces raisons, les cosmologues ont construit des modèles d'univers avec les solutions aux équations d'Einstein qui exhibent une expansion dans le temps. Ces solutions sont nombreuses : c'est en soit un fait intéressant car il indique qu'il faut quelque chose de plus que la théorie d'Eintein. L'univers est par définition unique : c'est le seul univers que nous connaissons et que nous pouvons connaître. Il doit donc exister un principe ou une contrainte supplémentaire qui justifie qu'à l'exception d'une seule, les solutions aux équations d'Einstein sont toutes non valables ou impossibles. Un tel critère de choix et encore inconnu : nous devons donc essayer de trouver des solutions qui décrivent un univers en expansion le plus proche possible du nôtre. Les modèles d'univers les plus simples, complètement symétriques, fournissent la meilleure description de l'univers dans son état actuel. Ces modèles isotropes et homogènes ont été découverts par Alexander Friedman en 1922. Ils font appel à deux paramètres arbitraires qui peuvent être déterminés en mesurant la vitesse d'expansion et la densité de matière dans l'univers actuel. La détermination aussi précise que possible de la valeur de ces paramètres est un des buts majeurs de l'astronomie d'observation.

L'univers est-il en rotation ?

La rotation est pratiquement présente à toutes les échelles, des 10^{-13} cm du proton au 10^{23} cm d'une galaxie. On peut raisonnablement se demander si l'univers n'est pas lui-même en rotation. L'univers de Friedman n'est pas en rotation mais il existe d'autres modèles cosmologiques qui le sont, dont certains possèdent des propriétés étranges comme la possibilité du voyage dans le temps. Assez tristement peut-être, nous savons que notre univers ne peut pas l'être de façon significative. De façon plus précise, la vitesse de rotation maximum permise est seulement d'un dix-millième de tour par période de dix milliards d'années, soit grossièrement le temps écoulé depuis le « big bang ». On peut s'assurer que cette condition est remplie parce qu'une rotation cosmologique, même faible, aurait pour effet d'écraser légèrement l'univers, tout comme la Terre est légèrement plus enflée à l'équateur qu'aux pôles à cause de sa rotation diurne. Lorsque nous examinons le fond cosmique de rayonnement micro-onde, il nous parvient depuis le dernier moment où il a été diffusé par la matière, un million d'années après le « big bang ». Nous pouvons considérer la matière à cette époque comme constituant en réalité une surface que nous étudions à travers ce rayonnement. Toute rotation globale devrait se traduire par une distorsion de cette surface. Or l'observation

Du Chaos au Cosmos

de l'uniformité de la température du rayonnement cosmologique à grande échelle montre qu'une telle distorsion est absente.

En 1949, le célèbre mathématicien Kurt Gödel trouva une solution remarquable aux équations cosmologiques d'Einstein. L'univers de Gödel n'est pas en expansion mais en rotation. Ce n'est pas une description de notre univers, mais elle présente néanmoins un certain intérêt à cause de ses propriétés peu ordinaires, que les équations d'Einstein ne laissent pas entrevoir. La plus saillante de ces propriétés est la possibilité du voyage dans le temps. Dans l'univers de Gödel, il existe un chemin qui passe en chaque point de l'univers et qui, s'il est suivi, permet de remonter dans son propre passé.

A la suite des travaux pionniers de Gödel, il a été examiné en détail dans quelle mesure cette possibilité pouvait exister dans les modèles d'univers réalistes. A moins que la matière soit amenée à traverser une singularité ou que l'antigravité existe, il semble impossible de construire une machine à remonter le temps à partir d'une quantité finie de matière ordinaire sans qu'il existe déjà auparavant une telle machine.

L'univers Mixeur

Notre choix peut s'arrêter sur des candidats encore plus extraordinaires au titre de modèle de la dynamique de l'univers, peut-être applicables pendant l'époque primordiale où nous ignorons quel degré d'irrégularité l'expansion a pu atteindre. Néanmoins, nous nous trouvons aux prises avec une formidable difficulté pratique. La théorie bien connue de la gravitation de Newton est relativement simple : elle consiste en une seule équation différentielle qui fait intervenir *un* paramètre pour décrire la force de gravitation. En revanche, la théorie d'Einstein qui lui a succédé comprend dix équations interdépendantes qui font intervenir *dix* paramètres de champ gravitionnel. Une simple considération statistique ne peut que nous inciter à croire qu'il ne sera pas évident de résoudre les équations d'Einstein ! Comme si cela ne suffisait pas, ces équations possèdent une autre vilaine propriété qui rend la difficulté de leur résolution presque insurmontable : ce sont des équations *non linéaires,* c'est-à-dire que la somme de deux solutions des équations d'Einstein n'est pas une solution. Au contraire, l'équation unique de la gravitation newtonienne est linéaire, la somme de deux solutions est toujours une solution. Ces complications entraînent que les seuls solutions que nous sommes capables de trouver aux équations d'Einstein supposent toujours des conditions particulières de symétrie ou des idéalisations qui simplifient celles-ci, réduisent le nombre d'équations à résoudre ou atténuent la portée des non-linéarités.

Les cosmologues sont encore loin d'avoir une idée de la nature de la solution générale intégrale des équations cosmologiques d'Einstein. Tous les modèles asymétriques qui ont été construits possèdent des symétries particulières. Une catégorie importante de ces modèles, bien comprise et classifiée, décrit des mondes qui restent identiques d'un endroit à l'autre, mais se dilatent avec des vitesses d'expansion différentes suivant la direction. Ce sont les univers dits homogènes et anisotropes. Le plus simple de ces modèles a joué un rôle important dans l'étude des conséquences des modèles cosmologiques en dilatation asymétrique sur les premiers stades précédant la formation des galaxies et des étoiles. Il tire son nom du physicien et écrivain scientifique américain Edward Kasner, qui le découvrit au cours des années 1920. Le modèle de Kasner décrit un espace qui conserve une forme ellipsoïdale à tout instant, mais dont les paramètres de l'ellipsoïde changent au cours du temps. Plus remarquable encore, l'univers de Kasner se dilate suivant

Du Chaos au Cosmos

deux axes perpendiculaires seulement et se contracte le long du troisième! Les vitesses de dilatation et de contraction sont telles que le volume global de l'espace s'accroît proportionnellement au temps, mais la contraction dans une direction l'amène à évoluer vers une forme de crêpe en expansion de plus en plus plate. Bien entendu, l'expansion actuelle de l'univers ne ressemble pas beaucoup à cela. Si c'était le cas nous observerions un décalage vers le bleu plutôt que le rouge dans le spectre des galaxies éloignées couvrant un tiers de la sphère céleste et de grosses variations de la température du rayonnement cosmologique d'une direction à l'autre. En fait, nous savons que l'univers n'a pas pu se comporter ainsi au-delà d'une seconde après le « big bang », autrement nos estimations de la quantité d'hélium de l'univers seraient très différentes de la valeur observée et prédite par le modèle isotrope de Friedman. L'univers de Kasner est la plus simple illustration de l'aspect que pourrait présenter un univers déviant, moins d'une seconde après le « big bang ». Qu'en est-il des solutions plus complexes qui émergent des équations d'Einstein?

L'univers le plus compliqué possible que nous connaissions, surnommé « univers Mixeur » par le cosmologue américain Charles Misner pour des raisons qui apparaîtront par la suite, est vraiment extraordinaire. Alors que le modèle simple de Kasner possède un homologue parmi les solutions de la théorie newtonienne, il n'existe pas de tel cousin éloigné pour l'univers Mixeur. C'est un pur produit de l'extrême non- linéarité de la théorie d'Einstein.

L'univers Mixeur est de dimension finie. Il évolue à partir d'un « big bang » initial jusqu'à un « big crunch » * final de même nature. Mais en suivant cette évolution à rebours jusqu'au commencement, nous voyons se dérouler une séquence particulièrement extraordinaire d'événements.

* En français : « grand broyage ».

La main gauche de la création

Au départ, il ressemble au simple univers de Kasner. Il se contracte dans deux directions et se dilate dans la troisième tandis que son volume global diminue progressivement. Puis soudainement, il se change en un autre univers de Kasner différent : l'axe en expansion commence à se contracter et l'un des deux axes en contraction inverse aussi son mouvement, tandis que l'autre continue à se contracter. Ces deux axes sont entraînés dans une séquence d'interversion de leur mouvement, tandis que le troisième continue à se contracter régulièrement. L'univers se comporte comme une balle comprimée en forme de fuseau qui se gonfle ensuite dans une direction puis dans l'autre, évoluant vers une configuration aplatie, et ainsi de suite. En définitive, il peut passer par n'importe quelle forme.

Mais l'histoire ne s'arrête pas là. Après que ces deux axes aient connu une série d'oscillations de l'expansion à la contraction avec le troisième en contraction régulière, il survient spontanément un nouvel échange des rôles. L'axe qui n'a pas participé aux oscillations troque son rôle avec l'un des deux autres et inaugure une nouvelle série d'oscillations contraction-expansion, tandis que l'axe auparavant en oscillation se met à se contracter régulièrement. Cette alternance de périodes de contraction régulière et d'oscillations rapides se perpétue *ad infinitum*. Il se produit un nombre infini de ces alternances avant d'atteindre la singularité du « big bang » et l'amplitude des oscillations devient de plus en plus grande à mesure que le volume global de l'espace diminue. La figure 5.3 illustre la variation des trois axes principaux 1, 2 et 3 d'un ellipsoïde de matière lorsqu'il se condense en un point suivant ce modèle d'univers.

Le nom « Mixeur » ne provient pas de la présence de cette séquence perpétuelle d'oscillations assez étrange. Il a été choisi par analogie avec une application du domaine domestique et culinaire qui se réfère à une autre propriété peu ordinaire. Il se pourrait que la cosmologie de l'univers Mixeur n'ait jamais possédé cette structure en horizons

Du Chaos au Cosmos

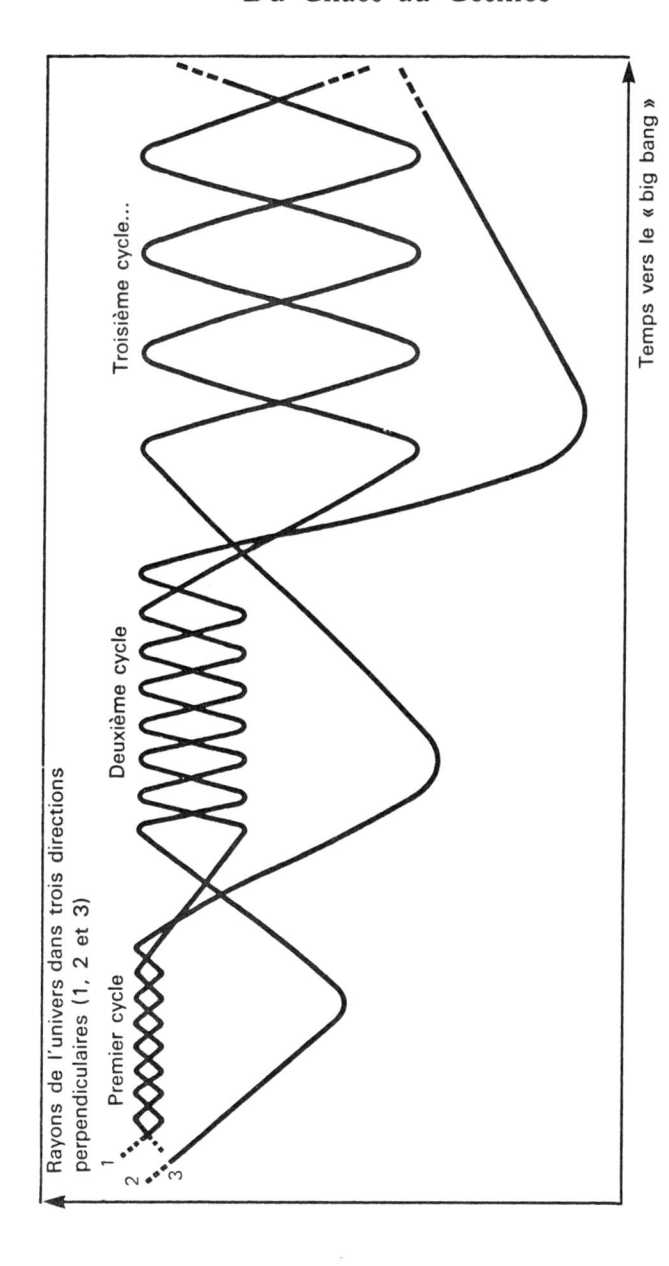

Figure 5.3. *L'univers Mixeur*. Variation des rayons de l'univers dans trois directions perpendiculaires quand il se rapproche du « big bang ».

inhibitrice dont nous avons déjà discuté. Si c'était le cas, elle aurait permis de « mixer » l'univers, en coordonnant ses régions sur de très grandes distances au tout début de l'histoire de l'expansion. Malheureusement cette idée astucieuse de Misner ne résiste pas à un examen approfondi. Bien que l'univers Mixeur puisse présenter une extension gigantesque dans une direction pour un rayon infinitésimal dans les deux autres, soit de bonnes conditions favorables au « mixage », il se trouve que cette configuration est aussi improbable que l'hypothèse d'une expansion initiale complètement symétrique.

L'univers Mixeur possède encore une autre propriété extraordinaire : son mode d'oscillation. Le nombre d'oscillations dans chaque cycle d'évolution n'est pas complètement aléatoire, mais est relié au nombre d'oscillations du cycle précédent de façon très particulière. L'algorithme Mixeur donne les prescriptions à suivre pour engendrer une telle série d'oscillations; à l'aide d'une calculatrice de poche vous pouvez aisément reproduire une séquence d'évolution de ce modèle d'univers (ou même avec du papier et un crayon si l'arithmétique ne vous fait pas peur).

L'imprévisibilité

L'algorithme simple qui décrit la suite des oscillations du modèle de Misner donne le nombre de petites oscillations qui interviennent dans chaque nouveau cycle après le choix du premier. D'autres algorithmes permettent aussi de prédire la période et l'amplitude de ces oscillations. La forme prise par ces algorithmes indique que l'univers Mixeur est ce que les mathématiciens appellent un « système chaotique ». En pratique, le comportement de tels systèmes est complètement imprévisible. Même si l'on possède un algorithme capable de

Du Chaos au Cosmos

> ## ALGORITHME MIXEUR
>
> La figure 5.3 illustre comment l'univers Mixeur passe à travers une série de cycle d'oscillations quand on suit son évolution à rebours vers sa singularité initiale. L'algorithme suivant tiré des équations d'Einstein permet de prévoir le nombre de petites oscillations dans chaque cycle :
>
> 1. Choisissez un nombre au hasard sur le clavier de votre calculatrice; par exemple :
>
> $N_1 = 6,0229867$
>
>   Ce nombre est la condition initiale du modèle.
>
> 2. Divisez le nombre N_1 entre sa partie entière et sa partie décimale :
>
> $N_1 = 6 + 0,0229867$
>
>   Alors, le premier cycle comprend 6 oscillations.
>
> 3. Le nombre N_2 déterminant le second cycle est obtenu à partir de N_1 en calculant l'inverse de sa partie décimale :
>
> $N_2 = 1/0,0229867 = 43,503417$
>
>   Le second cycle comprend donc 43 oscillations.
>
> 4. Pour le troisième cycle :
>
> $N_3 = 1/0,503417 = 1,9864248$
>
>   Il ne comprend donc qu'une seule oscillation, et ainsi de suite...
>
> Vous pouvez vérifier que les 4 cycles suivants ont respectivement 1, 72, 1 et 5 oscillations. En changeant très légèrement le nombre de départ N_1, par exemple en changeant la dernière décimale 7 en 6, vous trouverez une suite de cycles de longueurs très différentes en répétant les mêmes opérations. Cela illustre la caractéristique essentielle d'un système chaotique : une faible variation des conditions initiales entraîne une modification énorme de l'état final du système. C'est une des raisons pour lesquelles il est si difficile de prévoir le temps qu'il fera avec précision.

déterminer exactement l'état final du système à partir de son état initial, il est nécessaire de connaître l'état initial avec une précision absolue pour pouvoir le faire. Bien sûr, cela n'est pas possible en pratique, car il subsiste toujours une marge d'erreur dans toute mesure. En fait, le principe d'incertitude de Heisenberg affirme que cela est fondamentalement impossible parce que l'acte de mesure en lui-même introduit une incertitude inévitable. Dans le cas de l'univers Mixeur, une erreur même infinitésimale dans notre connaissance des conditions initiales sera amplifiée à un tel point au bout de seulement huit cycles que nous deviendrions incapables de prédire quoi que ce soit de significatif sur le nombre d'oscillations des cycles suivants. Cela rappelle notre exemple des pierres qui atteignent la vitesse limite en tombant du haut de la falaise : elles perdent rapidement la mémoire de leur vitesse initiale pour évoluer vers une vitesse constante prévisible. L'univers perd aussi très vite la mémoire de son état initial, mais pour aboutir à un état final de chaos imprévisible sur lequel on ne peut faire que des estimations de nature statistique.

Faisons de nouveau appel à un exemple tiré du quotidien. Le lecteur qui a déjà joué une fois au billard conviendra sans réticence que ce jeu, comme l'univers Mixeur, est extrêmement sensible aux conditions initiales : la moindre erreur dans la manière de toucher la boule entraîne des conséquences catastrophiques. Supposons négligeables les effets de la résistance de l'air et du frottement du tapis qui freinent la boule sur une table de billard. Si nous étions capables de frapper la boule avec une précision absolue, nous pourrions prédire exactement la position et la vitesse des boules qui s'ensuivraient à l'aide des lois du mouvement de Newton. C'est ce que pensait le mathématicien du XVIIIe siècle Pierre Laplace quand il affirmait qu'un « esprit supérieur » pouvait théoriquement prévoir l'avenir de l'ensemble de l'univers à partir de la donnée de ses conditions initiales. Il ne réalisait pas cependant que la connaissance absolument précise de ces conditions est impossible.

Supposons que nous connaissions les conditions initiales aussi précisément que la théorie quantique le permet. Nous

Du Chaos au Cosmos

serions alors capable de connaître la position de la balle frappée avec une précision de distance des milliards de fois plus faible que la dimension du noyau atomique. Cependant, au bout d'une quinzaine de collisions avec les autres boules, l'incertitude devient aussi grande que les dimensions de la table. Au-delà, nous ne pouvons rien savoir des positions ultérieures de la boule : les lois de Newton ne nous sont plus d'aucune utilité à cette fin. Elles nous indiquent seulement à quelle vitesse les incertitudes s'accroissent. Autrefois les lois de Newton étaient souvent montrées comme un modèle de déterminisme : l'univers était considéré comme une grande horloge aux mouvements entièrement prévisibles à l'aide de ces équations magiques. Au cours de ces dernières années, ces conceptions ont été sérieusement ébranlées. Beaucoup de systèmes d'objets en interaction, comme l'univers Mixeur, décrits par des équations exactes et non sujets à des fluctuations aléatoires, deviennent complètement imprévisibles après une courte période d'évolution. Le hasard, si longtemps associé à la théorie quantique, est profondément inscrit dans la trame de la physique du monde quotidien et des premiers moments du « big bang ».

Qu'est-ce que le temps ?

L'univers Mixeur, qui nous a enseigné d'importantes leçons sur la prévisibilité, nous instruit par ailleurs sur la nature profonde du temps. Avec la théorie de la relativité générale, Einstein nous a appris que le temps n'est pas absolu. Le rythme de l'écoulement du temps dépend de notre état de mouvement et de l'intensité de la gravitation dans notre voisinage. Les horloges en mouvement rapide ou soumises à un fort champ de gravitation sont observées avancer à un rythme plus lent que les horloges immobiles ou sous faible champ de gravitation. Ces curieux effets, aujourd'hui bien confirmés, sont presque devenus des lieux communs pour les physiciens. Ils ne sont en aucun cas associés à un mauvais fonctionnement mécanique des horloges en question. Le temps s'écoule réellement à différents rythmes dans différents environnements.

Le paradoxe des jumeaux illustre cet effet : si deux jumeaux sont séparés, l'un placé dans un faible champ de gravitation l'autre dans un très fort champ, quand ils sont réunis de nouveau, celui qui a vécu sous le champ fort est resté jeune tandis que son frère est devenu un vieillard. Bien sûr, les différences de temps restent très minimes tant que les champs de gravitation restent faibles ou le mouvement lent devant la vitesse de la lumière et c'est pourquoi ces phénomènes sont imperceptibles dans la vie quotidienne. Néanmoins le rythme d'écoulement du temps dépend réellement du mouvement de l'observateur, il est relatif et non absolu.

Le seul temps significatif et sans équivoque est appelé le *temps propre*. C'est le temps mesuré par une horloge qui se déplace avec l'observateur, immobile par rapport à celui-ci et éprouvant le même champ de gravitation. Quand nous parlons de l'âge de l'univers, nous parlons de l'âge mesuré par un observateur hypothétique qui suivrait le mouvement d'expansion universel depuis la singularité jusqu'au présent. Certains scientifiques ont soulevé une question intéressante en liaison avec cette définition. Ils ont fait remarquer que l'application de la théorie de la relativité générale à l'univers pris comme un tout manquait de fondements. Aussi notre observateur en expansion avec l'univers est hypothétique à plus d'un titre : si nous suivons son trajet à rebours en remontant le temps jusqu'à l'univers primordial, nous devrons le remplacer par une horloge atomique quand les conditions deviendront trop inhospitalières ; tôt ou tard, nous atteindrons un point de chaleur trop élevé pour que subsistent les atomes, les nucléons et tout ce qui constitue la matière.

Du Chaos au Cosmos

Que signifie le temps lorsqu'il ne reste plus rien pour le mesurer ? Peut-être existe-t-il une horloge universelle qui ne mesure pas le temps propre. Une telle horloge doit être rattachée à quelque chose de permanent qui persiste jusqu'à la singularité. Le seul bon candidat semble être la courbure de l'espace ou, de manière équivalente, la densité de matière.

N'importe qui dans l'univers peut utiliser cette horloge. Si nous supposons que l'horloge de la courbure mesure le temps réel, nous sommes alors conduits à des conclusions peu banales.

A l'approche de la singularité, la courbure et la densité deviennent probablement infinies et notre horloge de la courbure indiquera qu'une période de « temps de courbure » infinie s'est écoulée pendant un intervalle fini de temps propre. En ignorant les complications dues aux effets quantiques avant le moment de Planck, supposons qu'il existe une créature intelligente capable de percevoir le temps de courbure, c'est-à-dire pour qui le temps subjectif ou psychologique est vécu au rythme de l'écoulement de ce temps. Dans un univers fermé contenant une singularité dans le futur, cette créature serait capable de vivre éternellement, un nombre infini d'événements se déroulerait dans son avenir ! Le plus extraordinaire est que les rôles sont complètement inversés dans un univers ouvert. Dans ce cas, un observateur vivant suivant son temps propre se considère comme possesseur d'un futur potentiellement infini, mais suivant le temps de courbure, son futur est limité : son temps subjectif et psychologique ralentit sa marche à mesure de la décélération progressive de l'expansion universelle.

L'univers Mixeur est un exemple concret de ce type d'horloge de la courbure. Si chaque oscillation de cet univers est un battement de l'horloge de la courbure, celui-ci possède un passé infini de temps de courbure, car on trouve toujours un nombre infini d'oscillations dans n'importe quel intervalle fini de temps propre à partir de la singularité. A présent nous ne disposons pas encore de critère décisif pour préférer l'un ou l'autre des temps propres ou de courbure, mais en attendant, on suppose par convention que la théorie de la relativité générale s'applique à l'univers pris comme un tout et que le temps propre est significatif du temps cosmologique.

Le futur

Notre aptitude à connaître l'histoire passée de l'univers et à prédire son futur est née le jour où Edwin Hubble s'aperçut que le décalage des raies spectrales des galaxies lointaines était systématiquement lié à leurs distances. La découverte de l'expansion de l'univers est probablement la plus grande de l'histoire de la science. Des travaux de Hubble ont émergé un modèle de l'univers dans lequel le passé, le présent et l'avenir sont radicalement différents. Ce tableau cosmologique propose un commencement à l'espace et au temps, prédit une période primordiale où la théorie quantique régit jusqu'aux forces de gravitation, et pourvoit les physiciens d'un laboratoire idéal pour étudier le monde très énergétique des interactions entre particules élémentaires. Nous avons déjà découvert que l'expansion possède de nombreuses propriétés inhabituelles. Jusqu'à maintenant nous avons essentiellement discuté de l'isotropie et de l'uniformité, mais elle possède un autre trait caractéristique inattendu.

Au chapitre 2 nous avons discuté de la notion de vitesse minimum d'évasion que doit atteindre une fusée pour échapper à l'attraction gravitationnelle de la Terre sans jamais retomber sur celle-ci. La même image peut être appliquée à l'expansion de l'univers. En effet, la matière est en expansion depuis le « big bang » et, comme l'a observé Hubble pour la première fois, la distance entre deux objets

Du Chaos au Cosmos

éloignés s'accroît régulièrement; il est néanmoins possible que cette expansion ne continue pas indéfiniment, car il existe aussi une vitesse d'évasion pour ce mouvement universel. Si l'expansion a commencé avec une valeur plus grande que cette vitesse, même très proche, elle se perpétuera indéfiniment dans le futur. Si par contre la vitesse initiale est moindre que cette valeur critique, alors l'attraction gravitationnelle de l'ensemble de la matière contenue dans l'univers ralentit l'expansion et, en définitive, l'arrêtera et inversera son mouvement en contraction à un certain moment du futur. Dans notre monde, ce moment ne pourrait être atteint que dans un futur d'au moins dix milliards d'années. Dans ce cas, si les astronomes existent encore à cette époque, il verraient le décalage des raies d'émission des galaxies lointaines passer du rouge au bleu. Pour savoir de quel côté de la ligne de démarcation se situe notre univers, nous pouvons mesurer et rapprocher la densité actuelle des galaxies et d'autres objets matériels du cosmos et leur vitesse d'évasion. Ce n'est pas aussi simple qu'il paraît parce qu'une partie probablement importante de la matière reste invisible. En outre, de nombreux problèmes rendent difficile une mesure sans équivoque de la vitesse de récession quand les objets sont très éloignés. Une chose est certaine : la vitesse d'expansion est très proche de la valeur critique qui sépare les deux destinées possibles, effondrement avec contraction infinie ou expansion perpétuelle avec refroidissement et raréfaction.

L'univers est si près de la ligne de partage des eaux qu'il n'a pas encore été possible de conclure sur le sort qui lui est réservé. Si vous parcourez les articles récents publiés dans les revues de recherche astronomique, vous trouverez différents auteurs qui utilisent différentes observations dans des tentatives de détermination de la valeur précise de la vitesse d'expansion et de son évolution. Les valeurs obtenues sont souvent très différentes les unes des autres, non pas à cause des erreurs de mesures ou de calcul, mais parce que chaque méthode d'investigation a ses tendances particulières de déviation systématique et ses marges d'incertitude inhérentes. Certaines méthodes d'analyses conduisent toujours à une surestimation, d'autres à une sous-estimation. Malheureusement nous ne savons pas toujours les distinguer.

Le fait que l'expansion, après dix milliards d'années, soit aussi proche du seuil cosmique critique séparant un futur indéfini d'un futur limité reste un mystère. Il suppose quelque chose d'extraordinairement improbable à propos des conditions initiales au « big bang ». Imaginez que vous essayez de construire un modèle de l'expansion de l'univers. Vous devrez alors être très prudent dans le choix de la vitesse initiale, de façon à ce que la vitesse présente reste très proche de la valeur critique. Pour ajuster le modèle à la valeur observée, il faut choisir la vitesse de récession dans une fourchette de 1 pour 10^{28} autour de la vitesse d'évasion au temps de Planck, 10^{-43} seconde, quand l'expansion sort de l'ère quantique. Il doit nécessairement exister une contrainte très puissante pour imposer un tel degré d'exactitude.

L'inflation

Un indice de l'origine de cet ajustement si fin de l'expansion pourrait être découvert du côté de la grande unification des interactions forte, faible et électromagnétique, envisagée par les physiciens pendant les premiers 10^{-35} secondes de l'univers. De celle-ci est sortie une explication radicale qui a suscité un grand mouvement d'intérêt à la fois chez les cosmologues et les physiciens des particules : l'hypothèse de *l'inflation de l'univers*. Nous avons déjà rencontré quelques unes de ces conséquences dans le dernier chapitre. Récapitulons maintenant les points importants de ses fondements :

Du Chaos au Cosmos

Les substances ordinaires existent dans différents états que l'on appelle des « phases ». L'exemple le plus familier est celui de la combinaison de deux atomes d'hydrogène avec un atome d'oxygène que nous appelons eau en phase liquide, glace en phase solide et vapeur en phase gazeuse. Quand l'eau est amenée à changer de phase, il faut soit fournir soit relâcher de l'énergie pour effectuer le changement. Quand un liquide s'évapore en phase gazeuse, de la chaleur est empruntée à l'environnement (par exemple, vous ressentez une sensation de froid lorsque de l'éther s'évapore sur votre main). Réciproquement lorsqu'un liquide gèle en phase solide, de la chaleur est libérée. De la même façon, les particules élémentaires comme les quarks et les leptons qui peuplaient l'univers primitif peuvent exister sous différentes phases. Quand l'expansion a refroidi le « big bang » à la température où l'interaction forte est devenue distincte de l'interaction électrofaible, il est possible que se soit déroulée une transition de phase dans le mélange de quarks et de leptons. Le changement de phase aurait relâché dans l'univers une grande quantité de chaleur latente auparavant cachée et la pression de ce rayonnement aurait provoqué une inflation soudaine et spectaculaire des régions de l'espace. L'expansion de l'univers se serait accélérée très rapidement jusqu'à atteindre des dimensions très supérieures à celles qui auraient été atteintes à l'époque sans cette transition de phase.

Si ce processus d'inflation a effectivement eu lieu, il pourrait expliquer pourquoi l'univers est aujourd'hui si proche de sa vitesse critique d'évasion. Supposons que l'univers ait commencé avec une vitesse très inférieure à cette vitesse critique, mais qu'après 10^{-35} seconde, la symétrie brisée entre les interactions forte et électrofaible, ait été accompagnée d'une transition de phase et d'un dégagement de chaleur concomitant. Cette libération de chaleur latente aurait eu pour effet d'accroître la vitesse d'expansion jusqu'à ce qu'elle devienne arbitrairement proche de la valeur critique correspondant à la vitesse d'évasion. Plus la transition de phase se serait prolongé longtemps, plus l'univers se serait rapproché de la valeur critique (voir figure 5.4). L'inflation cosmologique expliquerait ainsi pourquoi l'expansion est accordée de façon si précise.

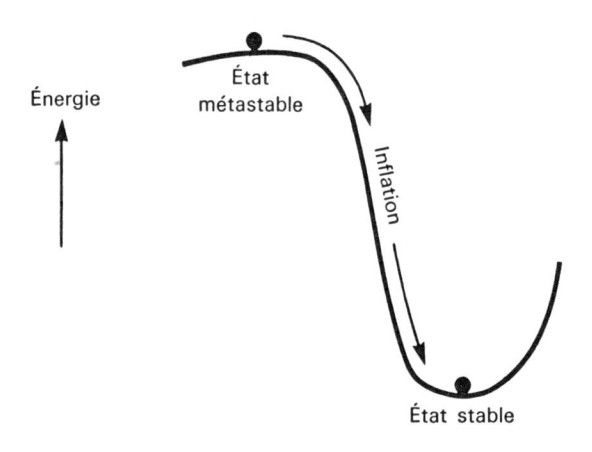

Figure 5.4. *Transition de phase dans l'univers.* Au départ l'univers est dans un état métastable quand toutes les interactions sont unifiées. A mesure de son refroidissement, la symétrie entre les différentes forces est brisée et il évolue vers un état stable de plus basse énergie. L'inflation se produit pendant la lente transition entre les deux états.

L'inflation des horizons

Pendant que l'inflation se produit au cours de la transition de phase, la dimension des régions capables de communiquer entre elles s'accroît de façon spectaculaire. Cela signifie que des processus de frottement peuvent alors agir pour aplanir les irrégularités préexistantes. Un excès de rayonnement dans une région pourra se disperser par diffusion. La taille des régions qui pourront être ainsi homogénéisées est limitée par la distance possible traversée par la lumière à la fin de l'inflation. Il se peut que cette échelle excède la taille de la région de l'univers actuellement accessible à l'observation. Nous avons vu au chapitre 4 que les hétérogénéités qui ont survécu ont été éventuellement assez fortes pour fournir les germes à partir desquels se sont développés plus tard les galaxies. Par ce biais, l'inflation est capable de lever le paradoxe apparent de l'univers presque, mais pas tout à fait uniforme.

Univers parallèles

Si l'expansion a été suffisamment irrégulière, certaines régions de l'univers pourraient s'être déjà effondrées sur elles-mêmes après avoir connu l'expansion. Une telle région enclose sous l'horizon conduit à la formation d'un trou noir. Pour une région plus grande que l'étendue de l'horizon cosmologique au moment de l'effondrement, il en résulte un univers fermé séparé. Les événements internes à cet univers fermé n'ont aucune influence sur l'univers extérieur et restent à jamais inobservables pour un observateur extérieur. Nous pourrions être voisins d'un ou plusieurs de ces univers séparés occupant un domaine d'espace-temps inaccessible; si malgré cela nous pouvions voir ce qui s'y déroule, nous aurions l'impression d'observer les événements du commencement de notre propre univers. En fait, le scénario de l'inflation permettrait l'existence d'une infinité de tels univers : de gigantesques bulles chacune plus grande que notre univers observable d'aujourd'hui, toutes très homogènes mais chacune complètement différentes.

La main gauche de la création

La plus grosse bourde d'Einstein

En 1917, Einstein introduit le premier modèle cosmologique moderne d'un univers statique, sans expansion. Il réalise que la force attractive de gravitation rend un tel modèle instable face à l'effondrement sur lui-même. Pour compenser la gravitation, il introduit une nouvelle force cosmologique de répulsion plutôt qu'un mouvement d'expansion. Il ajoute ainsi un terme supplémentaire à ses équations cosmologiques originales : la *constante cosmologique*. Cette constante est très faible en intensité et son effet compensateur de la gravité ne se fait sentir que sur des distances de plusieurs milliards d'années de lumière. Einstein introduit cette nouvelle force parce qu'il croit, à tort, que l'univers doit nécessairement être statique. En 1922, Friedman remarque la faute d'Einstein : il a divisé les deux membres d'une équation clef par une expression qui pourrait être nulle. Si celle-ci s'annule, la démonstration d'Einstein s'écroule. En remarquant cette possibilité, Friedman est conduit à prévoir l'existence de modèle d'univers en expansion ou en contraction dans la théorie d'Einstein. L'introduction de la constante cosmologique n'était donc pas nécessaire et Einstein en parle en 1931 comme de « la plus grosse bourde de sa vie ». Une fois introduite, comme jaillie de la boîte de Pandore, la possibilité d'une répulsion cosmique a compliqué la vie des cosmologues. Son plus ardent défenseur, l'astronome britannique Arthur Eddington, soutint un modèle qui entrait en expansion à partir d'un état statique d'Einstein. Un autre apôtre de cette idée, le cosmologue et abbé belge Georges Lemaître, préférait un univers qui commençait par un « atome primitif » singulier et entrait en expansion jusqu'à atteindre une phase statique temporaire avant de reprendre son mouvement. Les deux modèles permettaient aux galaxies de se former sans difficulté pendant la phase statique puisque l'expansion absente ne pouvait contrecarrer la tendance à la condensation de la matière en blocs.

Il y a quelques années, un modèle d'univers incorporant la constante cosmologique, proposé auparavant par l'astronome hollandais Willem De Sitter, connut un regain d'intérêt. Proposé initialement comme une contrepartie en expansion, mais vide, du monde statique d'Einstein, il fournit une description exacte de l'expansion inflationniste déclenchée par la transition de phase à l'époque de la grande unification cosmologique. L'énergie du vide libérée pendant le changement de phase introduit temporairement une constante cosmologique de forte intensité dans l'univers. On peut montrer que l'énergie du vide est formellement équivalente à la force cosmologique de répulsion d'Einstein : c'est seulement dans ce cas qu'elle paraît identique à n'importe quel observateur dans l'univers quel que soit son mouvement. Une fois que l'inflation s'achève, après 10^{-30} seconde, l'énergie du vide s'évanouit et la constante cosmologique devient nulle, ou très proche de zéro. Il est curieux de constater qu'en conséquence de cette phase d'inflation précoce, la « plus grande bourde » d'Einstein pourrait s'avérer être la clef de la compréhension de l'évolution de l'univers.

Les monopôles magnétiques

La grande unification a une autre conséquence potentiellement désastreuse pour la cosmologie qui peut être résolue par l'inflation. Elle provient de la création des monopôles magnétiques. L'électricité et le magnétisme sont des manifestations familières d'une même force fondamentale de la nature, l'interaction électromagnétique. Ils présentent une parfaite relation de symétrie dans beaucoup de leurs propriétés, mais celle-ci semble faire défaut pour une caractéristique essentielle : bien que nous voyions des exemples de charges *électriques* ponctuelles dans le monde (l'électron en est un), nous n'avons jamais vu de charges *magnétiques* ou de pôles magnétiques isolés. Les barreaux aimantés ordinaires possèdent deux pôles magnétiques Nord et Sud; quand on essaye d'isoler un pôle en coupant le barreau en deux, on obtient toujours deux aimants qui possèdent chacuns deux pôles magnétiques. De tels aimants ordinaires sont appelés des *dipôles* et le champ magnétique créé par un dipôle peut être facilement visualisé en plaçant horizontalement un petit aimant sous une feuille de papier saupoudrée de limaille de fer. Si la feuille est placée au-dessus d'un des pôles de l'aimant tenu verticalement, la nouvelle forme dessinée par la limaille est un exemple du champ créé par un pôle magnétique isolé, un *monopôle magnétique*.

La raison pour laquelle l'aimant coupé engendre deux nouveaux aimants n'est pas un mystère : le magnétisme est induit par des petites boucles de courant électrique dues au mouvement des électrons autour du noyau dans l'atome. Chaque atome se comporte en fait comme un petit dipôle et le champ de l'aimant n'est autre que le reflet macroscopique de ce phénomène microscopique.

Le monopôle de Dirac

En 1931, le grand théoricien britannique Paul Dirac se posa deux questions : Est-ce qu'il peut exister un monopôle magnétique et pourquoi toute charge électrique est-elle toujours multiple de la charge élémentaire de l'électron? Il montra que les réponses étaient liées de manière admirable. Si les monopôles magnétiques existent, cela explique pourquoi les charges électriques sont des multiples de la charge électronique. (L'existence des quarks ne modifient pas cette conclusion : les charges électriques deviennent alors des multiples du tiers de la charge de l'électron). Depuis la suggestion émise par Dirac, de nombreuses recherches expérimentales ont été entreprises pour observer ces monopôles magnétiques hypothétiques. Certains ont proclamé les avoir trouvés, mais il est apparu à chaque fois que des particules déjà connues pouvaient expliquer les résultats expérimentaux annoncés. Les échecs successifs de ces tentatives ont amorcé un déclin de l'intérêt pour les monopôles au début des années 1970, toutefois tempéré par la persistance de l'impression agaçante que s'ils n'existaient pas, il devait y avoir une interdiction ou une loi de la physique qui échappait totalement à la sagacité des théoriciens.

Le monopôle des théories de la grande unification

Puis en 1975, Alexander Polyakov à Moscou et Gerhard t'Hooft à Utrecht montrèrent de façon indépendante que l'existence des monopôles magnétiques était prévue dans les théories de la grande unification des particules élémentaires. La masse d'un monopôle, d'environ 10^{16} GeV, représente un peu plus de dix fois l'échelle d'énergie de la grande unification. Cela explique certainement pourquoi ils n'ont jamais été observés : 10^{16} GeV équivaut à 10^{-8} gramme, soit la masse d'une bactérie, ce qui est extrêmement grand pour une particule élémentaire. Les monopôles sont donc assurément très difficiles à produire. La rencontre d'un de ces monopôles super-lourds avec un atome ordinaire équivaut à l'écrasement d'un petit pois par un rouleau compresseur. Un monopôle rencontrant la Terre la traverserait de part en part et ressortirait indemne aux antipodes. Tout cela explique qu'il soit plutôt difficile de les attraper.

A quoi ressemble un tel monopôle ? ce n'est pas une

particule ponctuelle comme nous l'imaginons des quarks et des leptons. Il possède plutôt une structure emboîtée comme les poupées russes. La plus grande partie de la masse réside dans un noyau très petit de 10^{-28} cm de diamètre. A l'intérieur de ce noyau, l'énergie est assez élevée pour que règne la grande unification et toutes les interactions y possèdent la même intensité. La frontière de ce noyau est entourée par une première couche où les bosons X prédominent. Un pourtour clairsemé s'étend au-delà sur quelques 10^{-16} cm, limité par une fine couche de bosons W et Z (voir figure 5.5). Cette structure particulière signifie que le monopôle peut affecter la stabilité d'autres particules de matière de manière spectaculaire. Au chapitre 3, nous avons vu que la production d'un boson X, engendré par fluctuation aléatoire, permettait à un quark de se transformer en lepton et d'induire la désintégration d'un proton tous les 10^{31} ans en moyenne. Si un proton pénètre assez profondément dans un monopôle pour atteindre la couche de bosons X, la probabilité de sa désintégration sera beaucoup plus élevée. Ainsi les monopôles agissent comme une sorte de catalyseur de la désintégration des protons. En calculant la probabilité d'un tel processus, il est possible de détecter un signe révélateur de la présence de monopôles dans les événements de désintégration des protons que certains expérimentateurs ont commencé à observer dans des expériences souterraines. Certains ont déjà émis la suggestion amusante que la capture de ces monopôles pourrait résoudre nos problèmes de ressources d'énergie dans le futur : nos monopôles « apprivoisés » alimentés en protons pourraient transformer ces derniers en énergie disponible sans production de déchets dangereux.

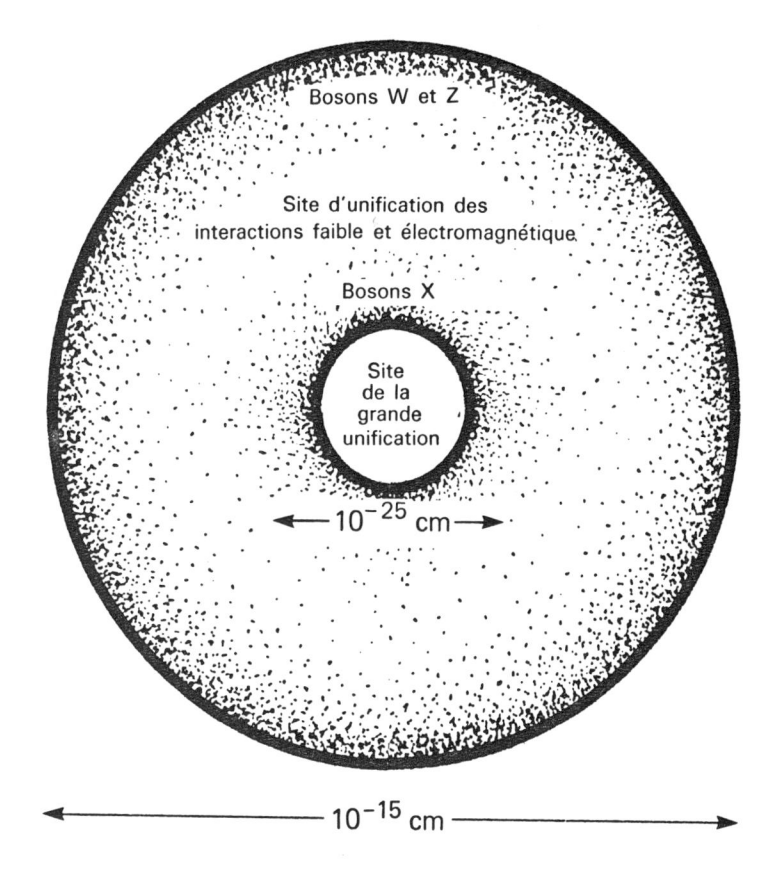

Figure 5.5. *Monopôle magnétique.*

Une observation ?

Récemment l'affaire du monopôle a connu un rebondissement spectaculaire : Blas Cabrera de l'université de Stanford a affirmé avoir détecté un monopôle magnétique. Il a utilisé un interféromètre quantique supraconducteur (SQUID), qui consiste essentiellement en un anneau de niobium de cinq centimètres de diamètre refroidi à une température proche du zéro absolu et dont la résistance électrique s'annule brutalement. Cet anneau est le détecteur de monopôle et doit être protégé contre toute influence parasite, en particulier le champ magnétique terrestre. Si un monopôle traverse le détecteur, il produit un signal bien défini; Cabrera rapporte que le 14 février 1982 à 1 h 20, jour de la Saint Valentin, son appareil a enregistré un tel signal après 150 jours de recherche. S'il s'agit vraiment de la détection d'un monopôle et non d'un bruit extérieur subtil, cette découverte a une signification immense, car une mesure éventuelle de la masse d'un monopôle (à travers la déviation de sa trajectoire sous haut champ magnétique) nous fournirait directement la valeur de l'énergie de la grande unification.

Il est impossible que ces monopôles aient été engendrés très récemment parce qu'aucun endroit dans l'univers actuel n'est assez chaud pour le permettre. Ce sont donc des fossiles qui ont survécu depuis le temps de 10^{-30} seconde après le « big bang ». Mais les premiers calculs effectués de leur abondance prévue ont soulevé une contradiction flagrante entre les théories de la grande unification et l'astronomie. Les monopôles auraient été produits en une telle quantité (grossièrement un par proton observé actuellement) et leur annihilation avec leurs antimonopôles, si peu efficace que l'univers dût aujourd'hui contenir 10^{11} fois plus de masses sous forme de monopôles que de galaxies. Cela est impossible : un tel univers aurait été si dense qu'il se fût contracté vers une seconde singularité et achevé après une dizaine de milliers d'années d'expansion! Or ce n'est pas le cas de l'univers dans lequel nous vivons et notre représentation des événements primordiaux doit nécessairement être incomplète.

Du Chaos au Cosmos

L'inflation élimine les monopôles

L'hypothèse de l'inflation de l'univers apporte une solution simple à cette contradiction. Comment se forment tout d'abord les monopôles ?

Peu après le « big bang » se produisent des champs d'énergie aléatoires capables de se nouer et de se contracter par à-coups. Par suite, ils ne peuvent être corrélés et redressés que sur des distances à portée de signaux lumineux puisque de tels mouvements régulateurs ne peuvent être plus rapides que la lumière. A la frontière de ces régions de communication, il survient une discontinuité dans l'orientation des champs d'énergie et il se produit des nœuds. Ce sont ces nœuds d'énergie concentrée qui finissent par se matérialiser en monopôles magnétiques. A l'époque de la grande unification, la taille des régions reliées par signaux lumineux est si petite (moins de 10^{-25} centimètre d'extension) qu'il advient un grand nombre de discontinuités et de nœuds. C'est pourquoi ce scénario prédit un nombre excessivement important de monopôles. L'inflation cosmique vint à notre secours parce qu'elle crée un accroissement temporaire très rapide de la dimension des régions à l'intérieur desquelles la communication est possible. Les discontinuités sont presque toutes effacées avant 10^{-35} seconde, au moment où la matière s'est refroidie au stade où les monopôles sont capables de se matérialiser. Il en apparaît donc très peu, car il ne reste alors qu'un très faible nombre de nœuds qui persistent.

La densité actuelle de monopôles peut ainsi être ramenée à une valeur acceptable si l'inflation a eu lieu, bien qu'il soit impossible de prédire sa valeur exacte parce qu'elle dépend de données que nous ne connaissons pas encore précisément, comme leur masse ou même la simple réalité de leur existence. Malheureusement, si Cabrera a réellement observé des monopôles magnétiques, nous nous trouvons encore aux prises avec un problème embarrassant, car il n'est pas nécessaire de connaître le nombre de monopôles ayant survécu à la période d'inflation cosmique pour savoir combien il pourrait y en avoir aujourd'hui.

En effet, la Voie lactée possède un faible champ magnétique de l'ordre d'un microgauss. Si des monopôles magnétiques se déplaçaient dans notre galaxie, ils seraient fortement accélérés par son champ magnétique, comme des objets métalliques lâchés dans l'entrefer d'un aimant en fer à cheval se précipitent sur l'un ou l'autre pôle. Progressivement ce processus drainerait l'énergie du champ magnétique galactique qui finirait par disparaître après avoir communiqué toute son énergie au mouvement des monopôles.

Le fait que ce phénomène ne se soit pas produit et que notre galaxie possède encore un champ magnétique mesurable signifie qu'il est tout simplement impossible d'y trouver beaucoup de monopôles susceptibles d'y être accélérés. Le plus grand flux de monopôles possible compatible avec l'existence du champ magnétique de la Voie lactée est parfois appelé limite de Parker, d'après le nom du physicien Eugene Parker de l'université de Chicago.

C'est ici que commence le problème : si la détection unique de Cabrera sur une période de 150 jours est significative de l'abondance des monopôles dans l'espace, elle correspond alors à un flux un million de fois plus grand que la limite de Parker; quelque chose ne va pas, le champ magnétique galactique ne devrait pas exister! Peut-être cela vient-il du résultat de l'expérience, car il est trompeur d'établir une statistique sur un événement unique; peut-être la galaxie connaît-elle un moyen encore inconnu pour régénérer son champ magnétique en déclin ou peut-être les monopôles s'arrangent-ils pour échapper à la limite de Parker. Si par exemple l'orbite de ces derniers dirige leurs trajectoires parallèlement à la direction du champ magnétique, la vitesse de disparition de celui-ci est considérablement réduite. Il est aussi concevable que le Soleil ait attiré un grand nombre de monopôles en son voisinage sous l'effet de la gravitation et que notre flux local ne soit pas significatif de la densité moyenne de monopôles dans la galaxie, pas plus que la densité d'abeilles autour d'un essaim n'est significative de leur densité dans le jardin.

Créations curieuses

Les monopôles ne sont pas les seules structures ésotériques éventuellement créées pendant la période de transition entre l'univers unifié et le monde des interactions forte, faible et électromagnétique peu après le « big bang ». Il existe des structures analogues à une et deux dimensions. Ces « cordes » et ces « parois » aléatoires d'énergie ainsi nommées sont semblables à des monopôles infiniment étirés ou aplatis. Comme les monopôles, elles ont pu aisément survivre jusqu'à présent si elles ont été produites en grande quantité à l'époque de la grande unification; mais, à la différence des premiers, elles ne sont pas très massives et il ne semble pas que nous ayions à craindre leur surabondance, même sans invoquer l'influence atténuatrice de l'inflation de l'univers. Cependant, même en nombre modéré, elles pourraient créer des effets très peu communs dans l'univers observable. Une grande « paroi » d'énergie déployée à travers une portion significative de l'univers provoquerait un effet local de ralentissement de l'expansion par son attraction gravitationnelle, qui conduirait à une variation de la température du rayonnement cosmologique tellement forte que sa présence serait facilement détectable. Il semble donc que les « parois » soient définitivement absentes de notre univers.

Il n'en est pas de même pour les « cordes » car leurs effets gravitationnels sont bien plus modérés. Elles ont pu émerger du « big bang » comme un immense réseau de fins tubes d'énergie enchevêtrés, progressivement démêlé par l'expansion de l'univers. Comment ces cordes apparaîtraient-elles au voyageur intergalactique? Une corde née à l'époque de la grande unification ressemblerait à un tube fin et emmêlé de rayonnement de 10^{-27} cm de diamètre, s'étirant sur 15 milliards d'années de lumière à travers l'univers observable entier. Il aurait la masse de plus de 10 millions de galaxies. De telles cordes n'introduiraient aucune distorsion observable dans le fond de rayonnement cosmologique. Leurs effets gravitationnels resteraient tout à fait modestes : ces cordes pourraient révéler leur présence par la tendance de la matière à se concentrer autour d'elles par attraction. Il a même été spéculé que le canevas qu'elles tissent à travers l'univers fournirait une explication à la distribution filamentaire des galaxies dans l'espace.

L'homme dans le cosmos

Les idées que nous avons approfondies dans ce chapitre semblent très lointaines de l'univers que nous voyons autour de nous aujourd'hui et de la probabilité de notre propre existence sur une boule de matière proche d'une étoile appelée le Soleil, dans un coin de la Voie lactée. Plus d'un philosophe a soutenu que la vie n'avait pas de signification ultime dans l'univers en s'appuyant sur sa rareté comparée à l'immensité de l'espace vide et à la multitude des galaxies. On pourrait croire de prime abord que la théorie du « big bang » renforce une telle conception matérialiste de l'univers, mais il faut se méfier d'un jugement trop simpliste. L'univers observable contient une centaine de milliards de galaxies dont chacune comprend au moins une centaine de milliards d'étoiles, et un nombre inconnu de galaxies naines

Du Chaos au Cosmos

qui pourraient contenir globalement encore autant d'étoiles que les galaxies brillantes. Peut-on défendre l'idée que la vie sur Terre est spéciale en quelque manière que ce soit ? Si l'univers a été « conçu » pour que nous existions, pourquoi s'être ennuyé avec ces milliards d'autres galaxies complètement superflues ? Pourquoi ne pas avoir économisé et réduit l'échelle des opérations ? Après tout, un univers fait d'une seule galaxie a place pour plus d'une centaine de milliards de systèmes solaires.

Il est assez surprenant que cet argument de la taille de l'univers atténuant l'importance de la vie se révèle fatalement fallacieux. En effet, le découverte de Hubble de l'univers en expansion signifie que la taille de l'univers observable est inextricablement liée à son âge. Si l'univers est si grand c'est parce qu'il est très âgé. Un univers de petite taille devrait nécessairement être plus jeune, un monde contenant la masse d'une seule galaxie serait âgé de moins d'un an ! Nous avons appris que le phénomène complexe que nous appelons la vie doit être construit à partir d'éléments naturels plus complexes que l'hydrogène et l'hélium. La plupart des biochimistes pensent que le carbone, sur lequel est fondé notre propre chimie organique, est le seul élément possible à la base de toute forme de vie. Afin de créer les briques de la vie, le carbone, l'azote, l'oxygène, le phosphore et le silicium, les produits de base issus du « big bang » doivent être cuisinés à haute température. Les intérieurs des étoiles sont les fourneaux où mijotent lentement l'hydrogène et l'hélium pour préparer ces éléments lourds. Quand les étoiles meurent, l'explosion finale disperse ces éléments à travers l'espace où ils sont incorporés dans les planètes, les astéroïdes et autres formes de débris interstellaires. L'alchimie stellaire prend plus d'un milliard d'années. Pour pouvoir construire les constituants organiques, l'univers doit donc être âgé de plus d'un milliard d'années et par conséquence, de taille supérieure à un milliard d'années de lumière. Les biologistes pourraient aussi nous dire qu'une période de temps équivalente est nécessaire pour évoluer des molécules prébiotiques aux formes avancées de la vie. Nous ne devrions donc pas être surpris de trouver notre univers si grand, car aucun astronome ne pourrait exister dans un monde nettement plus petit.

Ce style d'argument éclaire la controverse sur l'existence de la vie extra-terrestre d'une lumière particulière. Beaucoup d'astronomes se plaisent à penser que la vie doit exister ailleurs parce qu'il existe de nombreux sites où elle est possible. Par contre chez les biologistes prédomine l'opinion que cette possibilité est quasiment nulle parce que le nombre de chemins évolutionnaires qui conduisent à des impasses biologiques est au moins aussi grand que le nombre de sites. Notre argument détruit ces paradis extraterrestres potentiels. Il a fallu que l'univers devienne aussi grand qu'il l'est actuellement, même pour soutenir un avant-poste unique de la vie. La structure globale de l'univers est inévitablement liée aux plus petits détails de la vie sur Terre.

Cette perspective inhabituelle dans la manière de concevoir l'univers met en valeur la façon dont ses propriétés à grande échelle sont apparentées aux conditions essentielles pour l'évolution et la permanence des êtres vivants. Cette conception, appelée le « principe anthropique », se rapporte à un certain nombre d'énigmes décrites dans ce chapitre. Si l'univers n'était pas actuellement dans un état d'expansion très proche de l'état critique de vitesse juste suffisante pour l'expansion éternelle, la possibilité d'y voir se dérouler l'évolution aboutissant aux observateurs serait très réduite et peut-être complètement exclue. Si la vitesse initiale du « big bang » avait été accordée avec une précision de 1 pour 10^{29} au lieu de 1 pour 10^{30}, ou bien l'expansion se serait achevée et l'univers recontracté avant que les étoiles, les galaxies et la vie ne surviennent, ou bien celle-ci aurait procédé si rapidement que les galaxies et les étoiles auraient été incapables de se former. Des mondes en expansion bien plus rapide que la vitesse critique seraient presque sûrement dépourvus d'étoiles et de galaxies et par suite, des éléments dont sont faits les êtres vivants.

Le principe anthropique nous délivre un message simple : l'univers possède des propriétés très particulières qui *a priori* semblent très improbables si l'on considère toute la gamme des univers possibles. Mais si nous nous demandons dans lesquels de ces univers hypothétiques et apparemment plus probables nous pourrions exister, nous découvrons immanquablement qu'ils sont en vérité très peu nombreux. Notre étonnement devant certaines propriétés saillantes de l'univers doit être tempéré par la prise de conscience que beaucoup d'entre elles sont préalablement nécessaires à l'existence d'observateurs intelligents. L'existence simultanée d'un ensemble de coïncidences naturelles, à la fois dans les propriétés de l'expansion universelle et dans les valeurs précises des constantes fondamentales qui contrôlent les interactions fondamentales, a conduit certains à s'aventurer plus au-delà dans des explications métaphysiques.

Ces coïncidences simultanées qui permettent notre existence nous indiqueraient-elles que la vie est en quelque sorte *nécessaire* afin de leur donner une signification ?

6

CONCLUSIONS ET ÉNIGMES

L E but poursuivi par la cosmologie moderne n'est pas moins que la reconstruction totale de l'histoire du passé de l'univers. Nous avons entrepris de vous raconter un itinéraire qui commence avec la création de l'espace et du temps, suivie des événements incertains du monde des particules élémentaires, pour se terminer par la condensation des galaxies, des étoiles et des planètes, quinze milliards d'années plus tard.

Nos théories sur la façon dont s'est déroulée l'histoire de l'univers ne sont pas démontrées de manière absolue. Elles serviront seulement de guides à celles qui leurs succéderont. A quelle sorte de questions une nouvelle et meilleure théorie de l'univers devra-t-elle faire face? Quels sont les défauts de nos idées actuelles qu'une future théorie devra corriger pour prouver sa valeur? Il y a une énigme que notre voyage depuis le « big bang » a laissé irrésolue, et peut-être insoluble, à savoir ce qui a précédé l'événement que nous appelons le « big bang ».

Conclusions et énigmes

Si le « big bang » est bien une singularité universelle de l'espace-temps de la sorte que nous avons décrite au chapitre 2, il délimite alors une frontière absolue de tout l'univers d'espace et de temps et la réponse à notre question est simple : rien. Avant la singularité il n'existait ni espace, ni temps, ni matière, ni mouvement. Il est uniquement possible de suivre l'univers à rebours au-delà de la singularité en supposant une prolongation des lois de la physique que nous connaissons, à travers, par exemple, une suite éternelle de cycles cosmiques, chacun renaissant comme le phénix des cendres de son prédécesseur. Si la singularité du « big bang » pouvait être remplacée par quelque chose de plus modéré, comme une manifestation encore inconnue de la théorie quantique de la gravitation, alors ce programme de « rétrodiction » (contraire de la prédiction) pourrait être envisagé. Avant l'événement que nous considérons comme le « big bang », l'univers aurait été dans ce cas dans un état d'effondrement global finissant par rebondir dans l'état d'expansion que nous voyons actuellement. Pendant le prochain « big squeeze »* à la fin de notre propre cycle, toute la matière sous forme d'étoiles et de galaxies serait pulvérisée et réduite à ses constituants subnucléaires ultimes, prête à ressusciter par un phénomène inconnu pour le prochain cycle d'expansion.

Notre réponse à la question sur l'univers avant le « big bang » doit inévitablement paraître au lecteur quelque peu évasive. Nous sommes limités dans nos réponses aux questions sur l'univers par ce que nous savons et comprenons, et nous sommes encore loin de tout comprendre en physique. Nous pourrions même nous demander si la connaissance totale de la physique est suffisante pour comprendre et expliquer ce qu'est l'univers. Réciproquement, nous pourrions nous interroger si l'univers observable contient suffisamment d'évidences pour nous révéler les lois et les principes cachés qui régissent son existence.

* En français : « grande compression ».

La main gauche de la création

Tout au long de nos tentatives pour reconstruire l'évolution de l'univers, nous avons supposé que les lois de la nature étaient uniformes, que celles-ci régissent les événements ici et maintenant comme elles les régissaient là et auparavant. Mais ce que nous appelons les lois de la physique ne pourraient-elles pas avoir été légèrement différentes dans le passé ou même être différentes aujourd'hui en d'autres lieux? Cette question, qui semble légitime, est souvent prise en considération par de nombreuses personnes mais contre toute attente, elle s'avère manquer de fondements. En effet, si les soi-disantes « lois » de la physique d'aujourd'hui ne sont plus respectées la semaine suivante, cela signifie tout simplement que nous nous sommes trompés dans notre choix initial de lois invariantes. Si nos « lois » supposées varient, alors les règles qui régissent leur variation sont en principe toujours susceptibles d'être découvertes, à moins que ces variations s'effectuent au hasard. Or la régularité de la nature va à l'encontre de ce dernier caprice. Ce que nous appelons les lois de la nature sont simplement des codifications concises des événements que nous voyons ou que nous nous attendons à voir arriver. Les lois de la nature exactes et ultimes que nous cherchons à établir à travers la démarche scientifique sont un ensemble de règles imposés au comportement de l'univers comme les règles qui régissent une partie d'échec. Suivons le déroulement d'une telle partie; même si nous n'en avons jamais vu jouer, nous sommes capables de retrouver progressivement les règles en observant la manière régulière dont s'effectuent les mouvements; nous découvrons rapidement que les fous se déplacent toujours en diagonale; il nous vient à l'esprit une « loi » comme quoi la tour ne se déplace jamais en diagonale et ne peut jamais permuter sa place avec l'autre tour de même couleur. A chaque fois qu'un joueur met le doigt sur une pièce, nous pouvons faire une prédiction vérifiable du choix des mouvements qui lui est ouvert. Au bout d'un certain temps, toutes nos prédictions ont été vérifiées avec une telle exactitude que nous sommes enclin à

Conclusions et énigmes

penser que notre connaissance des règles est complète. Mais soudainement, il peut survenir un mouvement que nous n'avons jamais vu auparavant : le roque. Nous devrons alors élargir nos conceptions des règles et peut-être rejeter certaines « lois ». Nous ne dirons pas pour autant que les règles des échecs ont changé, mais seulement que notre perception de ces dernières était incomplète. Nous pouvons aussi n'avoir suivi attentivement le jeu que par intermittence et avoir mal enregistré un mouvement; nous aurons alors établi temporairement une fausse loi, jusqu'à la trouver réfutée « expérimentalement » par des mouvements ultérieurs.

Une variation des lois de la nature d'un endroit à l'autre de l'univers serait équivalente à une partie d'échec où les règles de déplacement des pièces varieraient selon leurs positions sur l'échiquier. Si en regardant une telle partie inhabituelle, vous vous trompez régulièrement dans vos prédictions du mouvement possible des pièces fondées sur l'hypothèse que les règles sont indépendantes de la position, vous deviendrez de plus en plus convaincu que votre simple hypothèse est incorrecte. C'est aussi à quoi seraient nécessairement amenés les astronomes. Or ils ont été capables de fournir de bonnes explications à des phénomènes éloignés en utilisant les mêmes règles qui s'appliquent avec succès au monde terrestre. Jusqu'à maintenant, rien ne permet de suggérer une quelconque variation spatiale des lois régissant les événements astronomiques qui, par exemple, indiquerait des endroits où soit l'énergie n'est pas conservée, soit la masse de l'électron est plus lourde que celle mesurée ici et maintenant. Ce type de variation est particulièrement difficile à concevoir parce qu'il devrait alors exister une jonction entre les différentes parties de l'univers sous des juridictions naturelles différentes, une sorte de « mur de Berlin » cosmique. Cette vision schizophrénique s'oppose à notre croyance profonde en l'unité de l'univers, mais qui sait si celui-ci ne pourrait pas soudainement « roquer » un beau jour !

Un de nos buts a été d'expliquer l'univers en faisant appel

La main gauche de la création

à un minimum d'hypothèses particulières sur ses conditions initiales. Insatisfait par l'affirmation que les galaxies existent parce que l'univers est venu au monde avec des galaxies toutes faites, nous essayons d'imaginer et de démontrer que des petites perturbations ou irrégularités aléatoires existent dans le tissu initial du cosmos. Notre objectif est de montrer que des objets semblables aux galaxies se développeront alors inévitablement. Dans le même esprit d'économie, les cosmologues ont essayé de montrer que l'isotropie du rayonnement micro-onde et le déséquilibre matière-antimatière dans l'univers sont les conséquences de quelques principes simples et impératifs plutôt que des propriétés artificielles attribuées à la création même. Nous pouvons toujours fabriquer un modèle de l'univers en supposant que ses propriétés particulières font parties de ses conditions initiales, tout comme notre vieil ami Gosse a imaginé le Créateur disposant des fossiles artificiellement vieillis parmi les roches très récentes. Cependant cette procédure ne fournit pas une *explication* des phénomènes, elle se contente de les décrire; elle dit simplement que les choses sont ce qu'elles sont parce qu'elles ont été ce qu'elles ont été. Notre but est de partir d'hypothèses simples et, en quelque sorte, minimales pour démontrer ensuite que les lois de la nature suffisent à expliquer comment l'univers est devenu inéluctablement tel que nous le voyons. Nous avons vu que cet objectif est réalisable dans une certaine mesure, mais que la tâche est loin d'être achevé. Il serait possible de rendre l'objet de cette démarche encore plus ambitieux; nous pourrions imaginer de nous débarrasser aussi des lois de la nature pour fair appel aux seuls principes de la logique et de la statistique pour créer le monde ordonné. En vérité, il serait même possible d'imaginer qu'il n'existe aucune véritable loi dans la nature!

Conclusions et énigmes

Y a-t-il des lois de la physique ?

L'homme est sujet à percevoir dans la nature plus de lois et de symétries qu'il n'en existe réellement. C'est une tendance compréhensible puisque le travail de la science est d'organiser notre connaissance expérimentale du monde et que l'excès d'organisation est préférable à son défaut. Depuis les vingt dernières années, il est cependant apparu que de nombreuses quantités que nous croyions traditionnellement conservées ne le sont pas, comme les nombres baryonique, leptonique et la symétrie particule-antiparticule ; toutes se sont révélées être « presque » conservées dans les phénomènes naturels. Alors que l'on a toujours cru que la masse du neutrino était nulle, des arguments expérimentaux et théoriques se conjuguent pour suggérer qu'il possède en fait une masse infime. De même, la croyance profondément enracinée en la stabilité absolue du proton apparaît aujourd'hui n'être plus soutenue que par une foi aveugle. Il est possible que cette tendance générale à l'amoindrissement du nombre de lois aboutisse à ce que l'anarchie complète soit la seule vraie loi de la nature. Certains ont même soutenu l'idée controversée que la présence de la symétrie dans la nature n'est qu'une illusion et que les lois, qui ne sont autres que des émanations des symétries, sont d'origine purement aléatoire. Des investigations préliminaires suggèrent que même si l'on choisit de façon aléatoire tous les comportements permis à la nature, il peut en résulter une physique ordonnée avec toutes les apparences de la symétrie. Cela est possible parce que nous observons uniquement le monde à des énergies très inférieures à la température de Planck de 10^{32} kelvins. Une certaine forme de sélection naturelle intervient quand la température de l'univers diminue : dans la gamme entière des possibilités, le nombre de celles qui ont un effet significatif sur le comportement des particules élémentaires s'amenuise de plus en plus. A l'inverse, lorsque l'on s'approche de l'énergie de Planck au début de l'univers, les phénomènes deviennent chaotiques et imprévisibles. Il se peut ainsi que notre monde de basse énergie soit autant nécessaire pour l'existence de la physique que pour celle des physiciens !

Si vous vous promenez dans la rue pendant une longue période de temps pour relever la taille des passants, quand vous représentez finalement sur un graphique le nombre de personnes en fonction de leur taille, vous obtiendrez inévitablement une courbe caractéristique en forme de cloche appelée distribution « normale » ou Gaussienne par les statisticiens. Cette courbe est omniprésente dans la nature. Elle est caractéristique de la fréquence d'apparition des événements dans n'importe quel processus aléatoire, quelque soit son origine spécifique. Les courbes résultantes ne diffèrent seulement que par leur largeur et la valeur moyenne autour de laquelle elles sont centrées. Il est concevable qu'une universalité du même type soit responsable des régularités apparentes de notre monde de basse énergie. Ainsi il existe des incertitudes réelles, non seulement sur notre connaissance des lois de la nature et de leur uniformité, mais sur le concept même de loi de la nature.

Le lecteur qui nous a accompagné jusqu'ici aura commencé à entrevoir que la cosmologie ne traite pas seulement des étoiles, des galaxies et des vastes perspectives de l'espace intersidéral. La nature précise des galaxies, le contenu de matière dans l'univers et les événements des premiers instants sont reliés au comportement des particules les plus élémentaires. Les plus grandes structures de la nature sont inextricablement liées aux plus petites. Grâce à cette relation de symbiose entre les sciences du macrocosme et du microcosme, les cosmologues et les physiciens des particules ont conjugué leurs efforts pour élucider les événements primordiaux. Dans cette perspective, le cosmos apparaît comme un fantastique champ d'expérimentation pour la physique des hautes énergies. Cette « nouvelle cosmologie » contribue

Conclusions et énigmes

pour sa propre part aux idées et aux explications de ce que nous observons, mais elle apporte aussi ses propres limitations. Il nous faut comprendre complètement les particules élémentaires si nous voulons lever les mystères de l'évolution cosmique. Beaucoup de ces particules sont invisibles au sens usuel du terme. Sommes-nous capables de savoir combien existe-t-il de particules élémentaires? Qu'est-ce qui peut nous guider dans la prédiction de leurs propriétés et comportements inhabituels? Jusqu'aux années 1970, un grand nombre d'idées différentes ont été proposées sans succès pour tenter de répondre à ces questions, mais il semble qu'aujourd'hui les physiciens aient trouvé une clef qui permette d'accéder aux secrets les mieux gardés du monde des particules élémentaires.

Pourquoi y a-t-il des particules élémentaires?

L'expérience a enseigné aux physiciens que le mondes des particules élémentaires est articulé autour de lignes de haute symétrie. Il est étonnant que nombre des formes cataloguées par les mathématiciens au cours des siècles passés se sont révélées par la suite parfaitement identiques à celles employées par la nature pour orchestrer le nombre et la sorte de ses objets les plus élémentaires. La description mathématique actuelle de chacune des forces fondamentales de la nature est fondée sur l'existence d'une forme particulière qui se conserve quand un ensemble de particules interagissent par ces forces. Ces *théories de jauge* ainsi nommées sont des modèles du comportement de la matière dans lesquels les événements observables restent inchangés par l'application d'une opération mathématique de symétrie. Cette invariance peut intervenir sous deux formes : la première, appelée *invariance de jauge globale,* exige que les conséquences de la théorie soient indépendantes du déplacement identique de tous les objets; par exemple, une transformation globale appliquée à une pomme a pour résultat de déplacer latéralement de la même façon toutes les parties qui la constitue, sans que sa forme globale en soit modifiée. L'invariance de jauge globale des lois physiques après translation dans l'espace, dans le temps et après rotation dans l'espace est à l'origine des grandes lois de conservation de la quantité de mouvement, de l'énergie et du moment angulaire.

A partir de 1967, les physiciens ont commencé à penser que ces théories devait être soumises à des contraintes de symétrie beaucoup plus fortes. Après tout, comment chaque morceau de pomme peut-il savoir que les autres morceaux vont se déplacer? Ce pourrait être une pomme horriblement grosse dans laquelle la transmission des informations prendrait un temps non négligeable. Pour éviter de recourir à des signaux non causaux pour synchroniser le mouvement de parties indépendantes, il faut que les conséquences de la théorie restent inchangées même quand chaque point est soumis à une transformation indépendante *différente*. Cette condition beaucoup plus forte est appelée *invariance de jauge locale*. Toutes les théories physiques actuelles couronnées de succès possèdent cette propriété.

Si nous revenons à notre pomme, nous pouvons estimer que la seule façon qu'elle reste intacte sous l'effet d'une transformation locale, au lieu de se démembrer dans toutes les directions, est qu'il existe des forces qui restreignent les mouvements relatifs de ses parties. C'est de cette manière que l'invariance locale de jauge peut être utilisée pour exiger l'existence des forces de la nature observées. Encore mieux, il se trouve qu'elle peut aussi exiger l'existence même des particules élémentaires et imposer qu'elles possèdent des caractéristiques précises. Par exemple, l'invariance locale de la théorie de l'électricité et du magnétisme impose non seulement l'existence des photons de lumière, mais aussi qu'ils possèdent une masse nulle et interagissent avec les

Conclusions et énigmes

particules chargées d'une certaine façon, exactement comme cela est observé. L'idée de l'invariance de jauge est la clef qui a ouvert les secrets du microcosme. L'hypothèse qu'une symétrie particulière est préservée dans la nature nous indique l'existence de lois spécifiques et de constituants de la nature avec des propriétés uniques.

Quand nous remontons de plus en plus loin dans le temps vers les commencements de l'univers, nous rencontrons des conditions physiques de plus en plus extrêmes. Les structures composées, les atomes et même leurs noyaux, sont toutes finalement mises en pièces. Notre grand problème est de savoir quelles sont ces pièces. Quelles sont les briques ultimes du monde des particules élémentaires ? Tant que nous ne saurons pas la réponse, nos théories des premiers moments de l'univers ne constitueront au mieux qu'une partie de la vérité.

Quelles sont les particules élémentaires ultimes ?

La construction d'accélérateurs de particules très puissants a permis d'observer ce qui arrive lorsque des particules entrent en collision avec des énergies assez grandes pour secouer tout constituant interne qu'elles sont susceptibles de posséder. Ces expériences ont confirmé les prévisions des théories de jauges que les protons et les neutrons, ainsi que les autres hadrons, ne sont pas des particules réellement élémentaires, mais qu'ils possèdent une structure interne. Quand deux protons s'entrechoquent, leur très forte diffusion mutuelle indique la présence de trois centres de diffusion internes durs. Cependant quand deux électrons entrent en collision, leur diffusion est beaucoup moindre, ce qui suggère leur absence de sous-structure. Ce type d'expérience a établi provisoirement que les constituants du proton – les quarks de charges fractionnaires — et la famille des leptons (électron, muon, tauon et leurs neutrinos associés) sont des objets ponctuels élémentaires indivisibles. Dans la mesure où l'on peut les observer, ces particules se comportent comme des centres ponctuels plutôt que des structures étendues quand elles participent à des expériences de diffusion à haute énergie. Si elles possèdent une dimension finie, elle ne peut qu'être inférieure à 10^{-15} cm, soit cent fois plus petit qu'un noyau atomique. La cosmologie nous conduit en fait à prendre au sérieux l'idée de particules ponctuelles infinitésimales. Si les briques élémentaires ultimes de la nature avait été de la taille, disons, d'un proton, 10^{-13} cm, quand l'univers eût été âgé de moins de 10^{-23} seconde, elles auraient alors connu de graves problèmes : des parties différentes de ces particules élémentaires auraient été déconnectées du point de vue causal. Il ne se serait pas écoulé suffisamment de temps depuis le « big bang » pour que la lumière traversât de part en part la particule. Il est difficile de concevoir l'existence d'un tel objet et que l'on puisse seulement l'appeler particule élémentaire.

Bien qu'aucun fait expérimental ne l'ait suggéré jusqu'à présent, les physiciens ne seraient pas surpris de découvrir finalement que les quarks et les leptons possèdent aussi des constituants internes. Le nombre important de différents quarks et leptons est une des raisons pour le suspecter. Le petit club fermé initial a vu gonfler la liste de ses membres jusqu'à dix-huit types de quarks différents et trois types de leptons accompagnés de trois types de neutrinos, sans compter leurs antiparticules. Dans les théories supersymétriques les plus récentes ce nombre est doublé. Cette explosion démographique paraît très suspecte. N'est-il pas légitime de douter que les briques ultimes de l'univers ne soient pas plus économiques et élégantes que celles-ci ?

Le physicien israélien Haim Harrari a proposé une théorie dans laquelle il existe seulement deux particules élémentaires dans la nature, appelées les *rishons*. Il suppose qu'il

Conclusions et énigmes

existe un rishon T de charge électrique 1/3 et un rishon V de charge nulle. Toutes les particules connues peuvent être reconstruites simplement à partir de chaînes de rishons V et T et de leurs antiparticules $\overline{V}$ et $\overline{T}$. Par exemple, le positon est TTT, le neutrino électronique VVV; chaque quark est composé de rishons dans un ordre qui fixe la propriété quantique de couleur et ainsi les protons et les neutrons forment des réseaux de neuf rishons. Toutes les réactions entre particules élémentaires connues peuvent être transcrites en langage de rishon, mais cela n'est pas suffisant pour affirmer que c'est bien une théorie physique. Jusqu'ici, il n'a été suggéré aucun test expérimental de l'hypothèse des rishons et il n'y a pas d'invariance de jauge connue qui exige l'existence des particules T et V.

Peut-être qu'il n'y a pas du tout de particules élémentaires et que toute chose est indéfiniment décomposable en autre chose. Une théorie de cette sorte, appelée théorie « bootstrap », était très populaire à la fin des années 1960, avant que des évidences de l'existence des quarks ne soient découvertes. Celle-ci présentait la propriété peu ordinaire de prédire que le maximum de température atteignable était de 10^{13} kelvins. Lorsque de l'énergie était cédée à un ensemble de particules à cette température, on pensait qu'au lieu d'un échauffement, il apparaissait un grand nombre de nouvelles particules et que la température restait ainsi constante. Nous savons maintenant par expérience que cela ne se produit pas pour les températures modérées (du point de vue des particules élémentaires) prévues par ces théories précoces, mais un tel phénomène pourrait éventuellement se produire à la température ultime égale à la valeur de Planck, 10^{32} kelvins.

Les particules que nous connaissons sont régies par des règles de symétrie qui prédisent des phénomènes précis que l'on peut tester par l'observation. Nos découvertes nous ont montré qu'au « big bang », la situation était plutôt relativement simple qu'immensément compliquée. Car le comportement des particules élémentaires dépend fortement de leur température : quand celle-ci s'élève, des symétries cachées apparaissent, des interactions distinctes deviennent identiques et toute dissemblance disparaît progressivement. On s'attend à une grande unification de toutes les particules et de toutes les forces. Ces théories de la grande unification des interactions forte, faible et électromagnétique nous permettent partiellement de reconstruire les événements de l'histoire cosmique avant 10^{35} seconde et conduisent à des prédictions vérifiables dans le domaine de la physique des particules. Néanmoins ces théories ne sont pas encore complètes parce qu'elles ne contiennent pas toutes les symétries possibles : d'une part elles ne combinent pas la force de gravitation avec les autres forces et d'autre part, elles ne mettent pas encore tous les types de particules sur un pied d'égalité. Jusqu'à ce qu'émerge une théorie superunifiée, il demeurera un doute sur l'étendue des révisions de nos conclusions actuelles que susciteront le franchissement de ces prochaines étapes.

Qu'est-ce qu'une superthéorie?

La *supersymétrie* et sa « grande sœur » la *supergravité* sont des théories engendrées par le désir perpétuel des physiciens des particules d'unifier les forces et les éléments de l'univers. Il existe deux classes distinctes de particules dans la nature : les bosons, dont le spin se dénombre en unités entières, et les fermions, dont le spin se dénombre en unités demi-entières. La supersymétrie est une idée qui consiste à créer une symétrie entre ces deux populations en proposant l'existence d'un nouvel ensemble de particules élémentaires encore inconnues qui rétablit l'équilibre. Tous les bosons, le photon, le gluon, les bosons W, Z et le graviton, posséderaient des partenaires fermions dénommés photino, gluino, wino, zino

Conclusions et énigmes

et gravitino. Symétriquement, les fermions connus, les quarks et les leptons, auraient des partenaires bosons appelés squarks et sleptons. Aucune de ces nouvelles particules n'a encore été observée, mais les conséquences cosmologiques précises de ces superparticules hypothétiques ont été récemment calculées; ces calculs délimitent le champ des propriétés qu'elles pourraient posséder, comme la masse et la durée de vie. Plus positivement, il a aussi été trouvé que si ces particules existent bien, elles pourraient altérer le mode de désintégration des protons d'une façon observable. Tandis que les théories de la grande unification ordinaires prédisent que les protons doivent se désintégrer en pions, les théories supersymétriques indiquent qu'ils devraient principalement se désintégrer en kaons. Or les premières observations de la désintégration du proton semblent avoir été faites récemment dans deux expériences indépendantes et il est possible que l'idée de la supersymétrie soit rapidement amenée au stade de la vérification expérimentale directe.

La supersymétrie est une symétrie de jauge globale. Si elle est étendue à l'exigence plus stricte de la symétrie locale, elle est alors appelée *supergravité* parce que les symétries respectées par la théorie de la relativité générale d'Einstein y deviennent automatiquement intégrées. La force de gravitation agirait par l'entremise d'un boson dépourvu de masse, le graviton, qui posséderait un partenaire fermion supersymétrique, le gravitino. La théorie de la supergravité est encore dans sa petite enfance, sans possibilité présente de vérification directe. Mais elle promet de devenir l'objet de toutes les attentions dans le futur parce que c'est aujourd'hui la seule voie évidente vers une théorie superunifiée qui intègre naturellement la gravité avec les autres forces fondamentales de la nature. Il apparaît aussi clairement de ce que nous savons déjà de la supergravité que la plupart des particules que nous croyons aujourd'hui élémentaires et indivisibles devraient nécessairement contenir des composants internes si l'on veut respecter toutes les symétries exigées par cette théorie. A présent, la supergravité apparaît comme le meilleur espoir d'unification de toutes les forces et de quantification de la gravitation. Au grand minimum, c'est peut-être une première approximation d'une théorie capable de décrire le passé, le présent et le futur de la totalité du monde physique.

Il semble que les physiciens entendent par les théories les meilleures ou les plus ultimes, les théories de la nature les plus symétriques. Dans de telles théories, la disparité des manifestations des différents champs et forces disparaît lorsque ceux-ci sont considérés de façon adéquate. Notre capacité à dévoiler les secrets de la création de l'univers compte sur le fait qu'en fouillant de plus en plus profondément dans le passé, nous rencontrons progressivement une température et une symétrie accrues. Si nous regardons l'univers aujourd'hui, il apparaît très éloigné de son état de symétrie initial. Les forces de la nature sont maintenant complètement distinctes; la diversité des galaxies, étoiles et planètes a remplacé la mer de rayonnement en expansion uniformément répartie d'autrefois. Pourquoi la symétrie parfaite du commencement se trouve à ce point dissimulée aujourd'hui ? Le monde n'est plus complètement uniforme, au contraire, il accorde une préférence à la matière sur l'antimatière et à la gauche sur la droite. Pourquoi les symétries ont-elles été brisées pour créer le monde diversifié et structuré qui nous entoure ?

Pourquoi les symétries ont-elles été brisées ?

La disparition de la symétrie entre les différentes forces fondamentales est une manifestation de ce que nous appelons une *brisure spontanée de symétrie*. Ce phénomène est assez intrigant car il illustre comment des lois symétriques, incar-

Conclusions et énigmes

nées par des équations symétriques, sont capables de donner des résultats asymétriques. Par exemple, les lois qui gouvernent le mouvement d'une boule descendant d'un monticule ne présentent aucune tendance préférentielle inhérente pour la droite ou la gauche, mais si vous perchez une boule au sommet d'un cône retourné, elle tombera dans une direction particulière : la symétrie des équations dominantes a été brisée par un résultat particulier. Ce résultat est dicté par les conditions initiales du mouvement qui s'ensuit et non par les équations prédisant la variation du mouvement au cours du temps. La symétrie de l'état initial est complètement cachée à un observateur qui ne voit que la boule gisant finalement d'un côté ou de l'autre du cône. Les cas semblables sont omniprésents dans la nature. Nous observons en permanence des résultats asymétriques découlant de lois symétriques. C'est une des raisons pour laquelle il est si embarrassant de reconstruire l'histoire passée de l'univers.

Considérons finalement un exemple humain de brisure spontanée de symétrie. Vous vous apprêtez à dîner sur une table circulaire où les invités sont disposés symétriquement autour. Chacun voit un verre de vin à sa droite comme à sa gauche (symétrie parfaite!). Lequel choisir? La symétrie est rompue par le premier dîneur qui choisit un de ces verres. S'il choisit celui de gauche, l'étiquette exige que chacun suive le même choix. Le dîner est devenu orienté à gauche alors que ni les lois de la pensée ni les lois du mouvement humain ne sont intrinsèquement gauchères.

La cosmologie n'est qu'un cas particulier de la méthode scientifique. Tandis que les astrologues s'efforcent de prédire notre avenir, les astrophysiciens se contentent de sonder notre passé. Nous ne pouvons pas manipuler l'univers à volonté et le soumettre à une quelconque expérience de notre choix. Nous devons nous contenter à la place d'expliquer ce que nous voyons en cherchant pourquoi nous le voyons ainsi et d'essayer de rendre compte de l'évolution cosmique de façon aussi précise que possible. Dans cette démarche, nous ne retenons que les idées théoriques au plus grand pouvoir de synthèse et d'explication, tandis que les théories construites pour expliquer un seul phénomène individuel sans tenir compte des autres sont rejetées. A la différence des philosophes et des écrivains, les scientifiques n'ont pas de raisons politiques ou affectives d'être attachés à leurs théories. Ils n'éprouveraient aucune gêne à proposer plusieurs explications ou théories possibles qui s'excluent mutuellement. Toute hypothèse peut être offerte au jugement à l'aune de l'expérience et seulement rejetée une fois infirmée de façon décisive.

Il n'y a qu'un seul domaine où les cosmologues peuvent faire des prédictions sur l'avenir sans risquer d'être contredits par les faits, du moins pendant leur courte durée de vie : c'est le royaume de l'eschatologie. Nous nous sommes constamment préoccupés de reconstruire la naissance et l'histoire primitive de l'univers, mais pourquoi ne pas s'intéresser à son futur ? Comment finiront l'espace et le temps ? Quel destin attend les habitants des ères lointaines à venir ?

Comment finira le monde ?

« Certains disent que la fin du monde sera de feu. D'autres, de glace. » Ces mots de Robert Frost résument exactement les possibilités existantes. Si l'univers contient suffisamment de matière, l'expansion s'inversera finalement en contraction. Le décalage spectral passera du rouge au bleu et le cosmos s'engouffrera dans une singularité qui différera sous plusieurs aspects de celle dont il est originaire. Tandis que le commencement semble avoir été très calme et régulier, l'état final sera chaotique et violent. Les irrégularités modérées du présent de l'univers seront amplifiées dramatiquement pendant l'approche catastrophique de la singularité. D'autre part

Conclusions et énigmes

il s'est produit une période d'inflation durant l'expansion initiale, mais il n'y aura pas de phase de « déflation » au cours de la contraction. Décrivons maintenant ce qui arrivera :

A l'approche de la singularité, l'élévation de la température sera telle que toutes les galaxies, les étoiles et les atomes se dissoudront en noyaux et rayonnements. Puis les noyaux seront démembrés en protons et neutrons qui, à leur tour, seront comprimés jusqu'à ce que les quarks confinés à l'intérieur soient libérés pour former une immense soupe cosmique de quarks et de leptons interagissant librement. Au départ, il y aura plus de quarks que d'antiquarks à cause de l'asymétrie actuelle matière-antimatière de l'univers, mais à mesure que la singularité se rapprochera, les bosons X commenceront à apparaître. Leur présence croissante permettra de corriger le déséquilibre entre les quarks et leurs antiparticules et la symétrie complète sera restituée. Le plongeon final dans l'ère inconnue de la gravitation quantique se produira 10^{43} seconde avant la singularité, quand la densité atteindra 10^{96} fois celle de l'eau.

Si cette perspective réjouissante ne vous attire pas, quand bien même elle ne puisse survenir avant dix milliards d'années au moins, nous pouvons vous proposer une autre prévision à long terme. Le scénario suivant est possible si les astronomes ne trouvent pas assez de matière dans l'univers pour fermer celui-ci et abréger son futur. Aujourd'hui, dix milliards d'années après le « big bang », nous nous trouvons sur une planète hospitalière en orbite stable autour d'une étoile d'âge mûr et digne de confiance. Mais quand dix autres milliards d'années se seront écoulées, le carburant interne du Soleil sera proche de l'épuisement et celui-ci se dilatera jusqu'à renfermer l'orbite de la Terre. Même si nous étions assez ingénieux pour échapper à cette catastrophe, nous serions expulsés du système solaire au bout de 10^{15} ans par le passage d'une étoile voisine à proximité. De plus, notre Soleil et ses associés seront probablement expédiés hors de la Voie lactée après 10^{19} ans.

La main gauche de la création

Toutes les étoiles restantes dans les galaxies auront achevé leur glissement régulier vers les trous noirs gloutons situés aux noyaux galactiques au bout de 10^{24} ans. Tout être suffisamment résistant et ingénieux pour avoir survécu jusque-là devra surmonter le plus grand obstacle : la désintégration de toute la matière. Après 10^{32} ans, on peut s'attendre à ce que tous les protons et les neutrons aient été désintégrés. Il ne survivra alors que les leptons, le rayonnement et les trous noirs en évaporation lente. C'est au bout du temps fantastique de 10^{100} ans que les trous noirs galactiques se seront totalement évaporés, laissant derrière eux des singularités nues incertaines saignant dans une mer de particules inertes et de lumière. Au cours de cette période prolongée de désintégration, la forme du cosmos peut tout aussi bien changer que son contenu. Les derniers vestiges de symétrie géométrique disparaîtraient alors.

Pour qu'une quelconque forme de vie survive à cette situation critique ultime, l'univers doit alors satisfaire à certaines exigences fondamentales comme l'existence d'une source d'énergie. Une telle source pourrait être présente, même dans un avenir indéfini, tant qu'il persiste un écart à l'uniformité complète de la température et un certain degré de désordre. Il semble que les conditions soient réunies pour que cette exigence soit potentiellement satisfaite. Les anisotropies dans l'expansion cosmique, les trous noirs en évaporation et les singularités nues résiduelles sont en quelque sorte des bouées de sauvetage de la vie. Même quand les trous noirs se sont complètement dissous et que les singularités nues peu nombreuses se retrouvent dispersées loin l'une de l'autre, des irrégularités peuvent encore s'accroître à l'échelle cosmique et fournir une source de chaleur lorsqu'elles sont finalement dissipées. Une quantité infinie d'informations est potentiellement disponible dans un univers ouvert et son assimilation serait le but principal de toute intelligence désincarnée survivante. Quand la température commencera à s'approcher du zéro absolu, sans jamais l'atteindre exacte-

Conclusions et énigmes

ment, les temps à venir paraîtront voués à l'ennui éternel. Mais avec la théorie quantique, il y a toujours de l'espoir. Nous ne pouvons jamais être complètement sûr que cette mort thermique cosmique aura lieu parce qu'il est impossible de prévoir le futur d'un univers quantique avec certitude; car dans un futur quantique infini, tout ce qui peut arriver finira par arriver.

L'eschatologie n'est rien sans métaphysique. Certes une des grandes réalisations au crédit de la théorie cosmologique moderne est d'avoir porté l'étude de l'univers du plan métaphysique au plan physique, mais il serait naïf d'expurger toute question métaphysique de notre discussion juste parce qu'elles sont en général impossibles à tester, à mettre en équation, ou simplement sans réponse. La cosmologie a toujours été la science la plus proche de la théologie et c'est sans doute la raison de la fascination chronique qu'elle exerce sur le profane. Elle met le doigt sur des questions fondamentales qui nous dépassent comme aucune autre science plus terre à terre ne peut le faire. Les sciences biologiques ne cessent de répéter aux êtres humains que leur position dans la nature n'a rien de très particulière, l'harmonie entre les êtres vivants et leur environnement étant une conséquence inévitable de l'adaptation. La cosmologie dépeint en revanche un tableau bien plus dramatique.

*Est-ce que la structure de l'univers
suggère l'existence d'un Grand Architecte?*

A certains égards, l'univers est fait sur mesure pour la vie. Il est assez froid, assez ancien et assez stable pour développer et entretenir la chimie fragile de la vie. Les lois de la nature permettent aux atomes d'exister, aux étoiles de fabriquer du carbone et aux molécules de se répliquer, mais tout juste.

La main gauche de la création

Toutes ces choses ne seraient-elles que des coïncidences ? Pourrions-nous conclure que notre univers, au lieu d'être un parmi tant d'autres possibles, fait partie d'un sous-groupe restreint d'univers qui permettent aux observateurs vivants de se développer, cet univers particulier possédant nécessairement la combinaison spéciale de circonstances propres à la vie préalables à l'existence des observateurs ? Ou bien n'y a-t-il qu'un seul univers possible et la vie est intimement liée à sa structure globale ? Le cosmos n'a-t-il pas été finement ajusté pour développer la vie ? Le fait que notre propre univers soit si inopinément hospitalier pour la vie n'est certainement pas un effet inévitable de l'évolution. Le fait que les lois de la nature permettent juste, mais seulement tout juste, aux étoiles stables d'exister avec un système planétaire aujourd'hui n'est pas une circonstance sujette à des variations évolutionnaires. Le monde possède de telles propriétés invariantes ou ne les possède pas. Un certain nombre de propriétés de l'univers sont si favorables à l'évolution de la vie qu'elles semblent avoir été conçues pour prédestiner notre apparition. Ses « coïncidences » remarquables ne seraient-elles pas la marque d'un Grand Architecte ?

Les arguments de l'existence de Dieu s'appuyant sur l'harmonie de la nature ont été longtemps populaires chez les penseurs de l'époque victorienne avant la découverte de l'évolution biologique et du mécanisme de la sélection naturelle par Charles Darwin et Alfred Wallace. A cette époque, la coïncidence selon laquelle les organismes semblent toujours faits sur mesure pour leur environnement, trait le plus remarquable de l'écosystème, apparaissait à de nombreuses personnes comme le signe d'un dessein téléologique. Dans le monde inorganique, les règles invariantes de la physique et de la chimie témoignaient aussi de l'intention d'un Grand Concepteur pour beaucoup de grands scientifiques comme Robert Boyle et Clerk Maxwell. Ce qui rétrospectivement nous semble très curieux à propos des arguments de l'époque, c'est la coexistence harmonieuse de deux

Conclusions et énigmes

vues opposées : d'un côté certains proclamaient que la preuve de l'existence de Dieu reposait sur la constance et la fiabilité des lois de la nature, mais de l'autre, il était affirmé que l'évidence de l'existence divine était témoignée par les miracles, les exceptions aux lois de la nature.

Quiconque se penche sur les résultats des recherches modernes concernant l'univers retrouve le même paradoxe. D'un côté, l'univers présente une symétrie frappante dont l'absence rendrait impossible l'existence de la vie ; en même temps, nous constatons que toutes ces symétries sont invariablement des « quasi-symétries » et que les petites infractions à la perfection que nous observons sont également nécessaires à notre existence. C'est un écart minime à l'uniformité totale de l'univers qui permet l'existence des galaxies, des planètes et des hommes ; c'est un léger déséquilibre entre matière et antimatière qui permet à la matière de survivre aux conditions extrêmes du « big bang », car sans cela l'univers ne contiendrait que du rayonnement. Ces petites violations heureuses de symétrie sont peut-être ce que les cosmologues pourraient aujourd'hui appeler des « miracles ». Il se peut qu'un jour nous les comprenions en termes de nécessités plus fondamentales, mais d'une façon ou d'une autre, elles ne font que renforcer l'idée que nous pouvons nous faire d'un Grand Architecte. Il n'y a certainement pas qu'une seule interprétation possible de l'univers dont nous sommes les témoins.

La question de l'identité précise d'un tel Grand Architecte a toujours posé problème aux avocats de la cause d'un grand dessein cosmologique.

Les penseurs religieux ont souvent invoqué la cosmologie pour prouver l'existence d'un Créateur. Nous avons vu cependant que dans les théories cosmologiques, le rôle du Créateur est essentiellement assumé par la singularité nue du « big bang ». N'importe quoi, pensons-nous, peut émerger d'une telle singularité, à moins qu'elle ne soit régie par des règles inconnues de nous. Est-ce qu'une singularité nue a toutes les caractéristiques d'un Créateur ? Heureusement non, car l'homme pourrait en principe créer sa propre singularité nue locale en rassemblant assez de matière confinée dans une région de l'espace pour qu'un trou noir apparaisse, qui contiendrait éventuellement une telle singularité. Le statut théologique des singularités nues est tragiquement dévalorisé si celles-ci peuvent être fabriquées par l'homme. Il se peut que l'acte de création manifesté par le rejet de la matière hors d'une singularité nue requiert en lui-même un Créateur. Les singularités nues ne sont pas qualifiées pour le rôle de Dieu. Si l'homme pouvait contrôler une telle singularité, il posséderait incidemment un moyen de détruire l'espace et le temps! Heureusement il y a peu de chance que les politiciens ajoutent la singularité nue à leur arsenal de destruction pour les temps présent et à venir.

Plutôt que de poursuivre plus loin ces spéculations débridées, revenons à des questions plus pratiques, de celles que l'on peut espérer résoudre à l'aide de la technologie du XXe siècle.

Les principales énigmes cosmologiques seront-elles résolues avant l'an 2000?

De nouvelles sondes spatiales repousseront les frontières astronomiques jusqu'aux extrêmités du spectre électromagnétique entier. Le flux d'informations nouvelles qui en découlera permettra certainement de décider si la constante de Hubble, tirée de la relation entre le décalage vers le rouge et la distance des galaxies lointaines, est proche de 50 plutôt que de 100 kilomètres par seconde pour chaque mégaparsec de distance. Mais réussira-t-on a déterminer si l'univers est ouvert ou fermé? On peut être assez pessimiste à ce sujet. Dans le passé, les progrès réalisés dans l'instrumentation ont

Conclusions et énigmes

pratiquement tous conduit à repousser à chaque fois plus loin cet objectif cosmologique particulier. A la place, nous avons beaucoup appris sur l'évolution galactique et sur les raffinements de la structure à grande échelle de l'univers. Aussi il est tout à fait possible et même prédit par les théories inflationnistes que l'univers soit en expansion à la vitesse critique exacte qui divise les univers ouverts et fermés. Si c'était le cas, l'univers pourrait continuer son expansion indéfiniment, mais il ne serait jamais possible de décider par l'observation s'il en est vraiment ainsi.

En ce qui concerne l'origine des galaxies, nous pouvons là manifester un optimisme authentique, bien qu'une théorie quantique de la gravitation soit nécessaire pour résoudre cette question. Les progrès dans la physique théorique des hautes énergies ont été si rapides durant la dernière décade qu'une théorie quantifiée de la gravitation, unifiée avec les théories des autres forces fondamentales, ne semble plus hors de notre portée. Que l'on puisse ou non concevoir des méthodes pour la tester expérimentalement est une autre affaire. Il n'y a pas de principe de commodité cosmique qui garantisse que de telles théories soient possibles à tester avec la technologie du XXe siècle et en réalité, il se peut qu'il soit tout à fait impossible de le faire. Néanmoins, c'est seulement quand les théories physiques connaîtront une telle extension radicale qu'il sera possible de parler intelligiblement des événements de l'histoire de l'expansion de l'univers avant 10^{-43} seconde. C'est dans cette période que sont sans aucun doute enfouis les secrets ultimes de l'univers.

Une dernière réflexion devrait nous encourager : dans le passé, les découvertes les plus fascinantes et de plus grande portée en astronomie ont toujours été inattendues – les quasars, les pulsars, le fond de rayonnement cosmologique, les pulsars binaires, les sources pulsées de rayons X –. Du reste, le flux de nouvelles idées théoriques et de découvertes heureuses ne montre aucun signe d'épuisement. La connaissance est comme une balle en expansion dont le volume augmente constamment, mais dont l'étendue de la surface, frontière avec l'inconnu, s'accroît simultanément.

Ne pourrait-on pas emprunter un raccourci pour trouver la réponse aux questions cosmologiques? Certains nourrissent le désir insensé d'entrer en contact avec une civilisation extra-terrestre avancée afin d'accéder sans peine aux secrets de l'univers en seconde main et d'élargir prématurément notre compréhension. Ils se retrouveraient alors piteusement comme des enfants à qui l'on offre un recueil de mots croisés dont les grilles sont déjà remplies. La recherche de la structure de l'univers est en soi plus importante pour l'homme que sa découverte parce qu'elle stimule le pouvoir créateur de son imagination. Il y a cinquante ans, un groupe de cosmologues éminents furent interrogés sur la question unique qu'ils poseraient à un oracle infaillible capable de leur répondre seulement par oui ou par non. Quand vint son tour de répondre, George Lemaître fit le choix le plus sage. Il dit : « Je demanderais à l'oracle de ne pas répondre afin que les générations suivantes ne soient pas privées du plaisir de chercher et de trouver la solution. »

GLOSSAIRE

Amas de Coma. Agrégat de plusieurs milliers de galaxies situé à 300 millions d'années de lumière de notre galaxie et s'étendant sur plusieurs millions d'années de lumière. Il existe beaucoup d'autres amas de galaxies semblables dans l'univers.

Anisotropie. Variation avec la direction ; défaut d'isotropie. Un univers anisotrope aurait des vitesses d'expansion différentes suivant les directions.

année de lumière (ou *année-lumière*). Distance parcourue par les rayons lumineux en une année, égale à $9{,}46 \times 10^{15}$ mètres.

Antimatière/antiparticule. Particule de masse et de spin identiques à une autre particule, mais possédant des valeurs égales et opposées de propriétés telles que la charge électrique, les nombres baryonique et leptonique, etc. A toute particule est associée une antiparticule ; les particules neutres comme le photon et le pion sont leurs propres antiparticules. Quand une particule rencontre son antiparticule, elles s'annihilent deux à deux en rayonnement. L'antiparticule du neutrino est appelée antineutrino, celle du proton, l'antiproton, etc.

Baryons. Classe de particules élémentaires qui, tels le proton et le neutron, prennent part aux *interactions fortes*.

« Big bang ». Modèle standard de l'univers dans lequel la matière, l'espace et le temps sont en expansion depuis un état initial de densité et de pression énorme.

Bosons. Classe de particules caractérisées par une valeur entière du nombre d'unités fondamentales de spin, $h/2\pi$, tels le photon et les bosons X, W, Z ; les bosons n'obéissent pas au principe d'exclusion de

233

La main gauche de la création

Pauli : on peut trouver plusieurs bosons possédant les mêmes nombres quantiques.

Boson W. Particule élémentaire chargée électriquement et de masse proche de 80 GeV dont l'existence est prédite par la théorie de jauge unifiant les interactions faible et électromagnétique ; le boson W a été découvert récemment en 1983.

Boson X. Particule très massive, analogue du photon, dont l'existence est prévue par les théories de jauge de la grande unification comme médiatrice des transmutations entre quarks et leptons. Ce boson serait le médiateur de la désintégration du proton dont l'éventualité, suggérée par des observations récentes, attend encore confirmation.

Boson Z. Compagnon électriquement neutre du boson W prédit par les théories de jauge des interactions faible et électromagnétique. Il possède une masse proche de 93 GeV et a été découvert en 1983.

Brisure spontanée de symétrie. Changement soudain dans l'état d'équilibre d'un système ; par exemple, la chute d'un crayon en équilibre sur sa pointe ; l'équilibre des états des particules élémentaires peut changer d'une manière semblable en cachant la symétrie de la configuration initiale.

Censure cosmique. Hypothèse proposée par le physicien anglais Robert Penrose suivant laquelle les *singularités* de l'espace-temps sont toujours entourées par un *horizon des événements* qui empêche leur observation et leur interdit d'influencer le monde extérieur.

Confinement. Propriété des quarks : la force qui s'exerce entre deux quarks augmente avec la distance qui les sépare et il est probable que cela empêche de pouvoir les observer individuellement. Ils sont confinés en triplet à l'intérieur des baryons ou en paire dans les mésons à basse énergie.

Constante cosmologique. Terme ajouté par Einstein à ses equations de gravitation qui introduit une répulsion aux grandes distances, nécessaire pour compenser l'attraction gravitationnelle dans un modèle d'univers statique. Il n'y a plus aujourd'hui de raisons d'introduire ce terme dans un modèle d'univers en expansion, bien qu'il puisse rendre compte du comportement particulier de l'univers primitif dans la période dite *d'inflation*.

Constante de Hubble. Constante de proportionnalité entre la vitesse de récession des galaxies et leur distance, caractéristique de l'expansion présente de l'univers ; selon les observations, sa valeur varie entre 50 et 100 kilomètres par seconde par mégaparsec.

Constante de Newton. Constante fondamentale G introduite par Isaac Newton pour caractériser l'intensité intrinsèque de la gravitation. La force de gravitation qui s'exerce entre deux corps est G fois le produit

Glossaire

de leur masse divisé par le carré de la distance entre leur centre de gravité : $G = 6{,}67 \times 10^{-8}$ cm^3.g^{-1}.s^{-2}.

Constante de Planck. Constante fondamentale de la *théorie quantique*, désignée par h; sa valeur est de $6{,}625 \times 10^{-34}$ joule-seconde (ou $6{,}625 \times 10^{-27}$ erg.s). Elle apparaît pour la première fois en 1900 dans la théorie du corps noir de Planck.

Corde. Configuration d'énergie filiforme susceptible d'avoir été engendrée dans les premiers instants de l'univers; typiquement, une corde aurait un diamètre de seulement 10^{-27} centimètres, mais posséderait une masse de 10^{17} soleils déroulée à travers la totalité de l'univers observable.

Corps noir (rayonnement du). Rayonnement d'un corps idéal en équilibre thermique qui absorbe également toutes les longueurs d'onde; la variation de l'intensité émise avec la longueur d'onde suit une courbe caractéristique appelée spectre de Planck.

Cosmologie chaotique. Théorie qui suppose que l'univers a commencé dans un état hautement chaotique qui a évolué vers l'état ordonné actuel au cours du temps par des processus de frottement.

Couleur. En physique des particules élémentaires, désigne une propriété attribuée au *quarks* qui n'a aucun rapport avec la couleur au sens visuel. L'*interaction forte* agit sur les particules qui possèdent une charge de couleur, c'est-à-dire les quarks et les gluons.

Crêpe. Terme utilisé par les astronomes pour décrire la forme des amas galactiques embryonnaires qui se sont effondrés rapidement dans une direction pour former de gigantesques feuillets de galaxies.

Décalage vers le rouge/décalage vers le bleu. Décalage des raies spectrales vers les grandes longueurs d'onde (rouge) dans le spectre d'émission d'une source de rayonnement qui s'éloigne de l'observateur, ou vers les courtes longueurs d'onde (bleu) lorsque celle-ci se rapproche.

Densité critique. Si la densité moyenne de l'univers excède cette valeur, d'environ 2×10^{-29} g.cm^{-3}, il se contractera sur lui-même dans le futur; dans le cas contraire, il continuera indéfiniment son expansion.

Deutérium. Isotope lourd de l'hydrogène dont le noyau est composé d'un proton et d'un neutron; il partage les mêmes propriétés chimiques que l'hydrogène et son abondance dans l'espace interstellaire est environ 5×10^4 fois moindre.

Distribution normale. Fréquence des différents résultats possibles pour une série d'événements complètement aléatoire, trouvée pour la première fois par Gauss; la forme de la distribution est indépendante de la nature du processus physique produisant les événements en question.

Effet Doppler. Variation de la fréquence du rayonnement d'une source en

La main gauche de la création

mouvement pour un observateur fixe; quand la source se rapproche, les fréquences sont décalées vers le bleu, quand elle s'éloigne, vers le rouge.

Électron. Particule élémentaire massive la plus légère chargée négativement; il ne semble posséder aucune structure interne et a une masse de 9×10^{-28} g.

Electronvolt. Énergie acquise par un électron accéléré par une différence de potentiel de un volt; $1 \text{ eV} = 1{,}602 \times 10^{-19}$ joules.

Entropie. Mesure de la quantité de désordre dans un système; l'entropie globale ne décroît jamais au cours des interactions physiques.

Entropie par baryon. Mesure de la distribution d'énergie sous forme désordonnée relativement à l'énergie sous forme ordonnée dans l'univers; celle-ci est donnée par le nombre de photons par baryon dans l'univers actuel et vaut approximativement un milliard, l'inverse du rapport baryon-photon.

Équilibre thermique. État stationnaire atteint par un système en contact avec un réservoir de chaleur à température constante.

Ère radiative. Période de l'histoire de l'univers prolongée jusqu'à l'âge de 100 000 ans, pendant laquelle la densité du rayonnement excède celle de la matière et l'univers se trouve dans un état de plasma ionisé; ni atomes, ni étoiles, ni galaxies n'existent encore à cette époque.

Espace-temps courbe. Selon la théorie de la relativité générale d'Einstein, la gravitation modèle la forme du tissu de l'espace et du temps; le trajet des rayons lumineux et le rythme d'évolution des horloges sont influencés par la présence des masses qui infléchit la courbure de l'espace-temps, c'est-à-dire lui impose une géométrie non-euclidienne.

Étoile à neutrons. Étoile dont le noyau est principalement constitué de neutrons, avec une densité moyenne de 10^{14} g/cm^3. Les pulsars sont des étoiles à neutrons en rotation.

Fermions. Classe de particules caractérisées par une valeur demi-entière du nombre d'unités fondamentales de spin, $h/2\pi$, comme l'électron, le proton et le neutrino. Dans un système, deux fermions ne peuvent pas posséder exactement les mêmes nombres quantiques, c'est-à-dire, se trouver exactement dans le même état quantique.

Fluctuations adiabatiques. Variations spatiales de la densité de l'univers dans lesquelles interviennent à la fois les variations de matière et de rayonnement d'un endroit à l'autre.

Fluctuations du vide. En conséquence de *principe d'incertitude*, des paires particule-antiparticule apparaissent spontanément dans l'espace-temps pour disparaître après un court intervalle de temps, inaccessibles à la mesure : ces paires engendrées sont les fluctuations du vide.

Glossaire

Fluctuations isothermes. Variations spatiales de la densité de l'univers dans lesquelles la densité de rayonnement reste constante tandis que la densité de matière change d'un endroit à l'autre.

Fond cosmique de rayonnement (rayonnement cosmologique). Rayonnement isotrope remplissant l'univers, relique de son état primitif dense et chaud; son spectre, qui s'étend dans le domaine des micro-ondes, correspond à l'émission d'un *corps noir* à la température d'environ 3 K.

Galaxies elliptiques. Galaxies de structure régulière et amorphe, sans bras spiraux et de forme ellipsoïdale; leur masse varie entre 10^7 et 10^{13} masses solaires et leur couleur est plus rouge que les galaxies spirales de masses équivalentes.

Galaxie sphéroïdale. Galaxie possédant une forme de sphère légèrement écrasée.

Galaxies spirales. Galaxies constituées d'un bulbe central proéminent entouré d'un disque aplati fait de gaz, de poussières et de jeunes étoiles s'enroulant en bras spiraux autour de noyau; la Voie lactée est une galaxie spirale.

GeV. 1 Gigaélectronvolt = 10^9 électronvolts.

Gluon. Particule de masse nulle possédant une charge de couleur; les quarks interagissent à travers l'échange de gluons. Il en existe huit variétés.

Grande unification (théories de la). Classe de théories de jauge qui unissent les interactions forte, faible et électromagnétique aux hautes énergies. On espère pouvoir ultimement les prolonger pour y incorporer la gravitation.

Gravitino. Fermion hypothétique prévu par les théories de jauge supersymétriques. Il a un spin de $3/2$ $h/2\pi$ et une masse non nulle encore indéterminée.

Graviton. Boson hypothétique médiateur des interactions de gravitation; il a une masse nulle et un spin de 2 $h/2\pi$.

Groupe Local. Système de galaxies auquel appartient notre Voie lactée. Il comprend aussi la galaxie d'Andromède, son membre le plus grand, et une vingtaine d'autres galaxies plus petites que la Voie lactée.

Hadrons. Particules qui participent aux interactions fortes. Les hadrons sont composés de *quarks* et se divisent en deux classes : les baryons (qui sont des *fermions*) et les mésons (qui sont des *bosons*).

Halo. Nuage diffus quasi-sphérique de vieilles étoiles et d'amas globulaires d'étoiles qui entoure les galaxies spirales.

Hélium. Second élément le plus abondant dans l'univers. Il y a deux isotopes stables de l'hélium (He) : He^4 et He^3; He^4 contient deux protons et deux neutrons dans son noyau tandis que He^3 n'a qu'un seul neutron et deux protons. Les noyaux de He^4 sont les particules alpha de la désintégration radioactive. Un quart de la masse de l'univers est sous forme de He^4.

Horizon. Région observable de l'univers; à tout instant t, celle-ci est définie par la distance ct que la lumière a pu parcourir depuis l'origine de l'univers.

Horizon des événements. Frontière d'un *trou noir* que ni signal ni particule en provenance de l'intérieur ne peut traverser.

Inflation de l'univers. Période de l'univers autour de 10^{-35} seconde, pendant laquelle l'expansion a été accélérée par une transition de phase selon les théories de jauge de la grande unification.

Instabilité gravitationnelle. Processus par lequel un bloc de matière qui dépasse une certaine dimension critique tend à s'agréger de plus en plus au cours du temps par l'attraction gravitationnelle de ses constituants; on pense que ce phénomène est à l'origine de la formation des galaxies.

Interaction faible. Une des interactions fondamentales auxquelles participent les particules élémentaires; elle a une portée très courte de 10^{-15} centimètre et est responsable de la radioactivité.

Interaction forte. La plus puissante des interactions fondamentales; elle a une très courte portée de 10^{-13} centimètre et est responsable de la cohésion des noyaux. Elle affecte les *hadrons,* mais ni les leptons ni le photon. L'interaction forte agit aussi sur les particules comme les quarks et les gluons qui possèdent la propriété de *couleur* et est souvent appelée force de couleur dans ce cas.

Isotropie. Propriété d'une grandeur qui ne dépend pas de la direction ou de l'angle d'observation. Dans un univers isotrope toutes les quantités mesurables sont les mêmes dans toutes les directions.

Leptons. Classe de particules élémentaires qui ne participent pas aux interactions fortes; elle comprend l'électron, le muon, le tauon et les neutrinos. Les leptons ne semblent pas posséder de structure interne. Le nombre leptonique est le nombre total de leptons diminué du nombre d'anti-leptons dans un système.

Lepton tau ou tauon. Lepton de charge électrique égale à celle de l'électron et de masse 3941 fois plus grande.

Liberté asymptotique. Propriété des interactions entre quarks suivant laquelle les forces qui s'exercent entre eux deviennent progressivement plus faibles à haute température et à faibles distances de séparation.

Loi de conservation. Règle qui spécifie que la valeur totale d'une certaine quantité reste inchangée au cours des interactions physiques. Des quantités comme l'énergie et la charge électrique obéissent à des lois de conservation.

Glossaire

Longueur d'onde. Dans tout mouvement de propagation ondulatoire, distance entre deux pics d'oscillation, ou distance parcourue par l'onde en une période d'oscillation.

Mégaélectronvolt. 1 MeV = 10^6 électronvolts.

Mégaparsec. Un million de parsecs; un parsec vaut $3,086 \times 10^{16}$ mètres ou 3,26 années de lumière; un mégaparsec s'écrit en abrégé Mpc.

Mésons. Classe de particules participant aux interactions fortes qui ont un nombre baryonique nul, comprenant les pions et les kaons. Ce sont des *bosons*.

Mini trou noir. Petit *trou noir* de masse très inférieure a celle du Soleil (2×10^{33} g) engendré par les pressions de l'univers primitif plutôt que par la mort et l'effondrement d'une étoile.

Modèle d'univers. Idéalisation mathématique de l'univers tirée d'une théorie de la gravitation. La meilleure théorie de la gravitation est actuellement la théorie de la relativité générale.

Monopôle magnétique. Particule massive prédite par les théories de la grande unification; elle possède une structure interne et une masse proche de 10^{-8} g; un monopôle engendre le champ magnétique d'un pôle magnétique isolé.

Muon. Particule élémentaire de la classe des *leptons,* de charge électrique identique à l'électron mais de masse 207 fois plus grande.

Naine blanche. Étoile compacte de masse proche de celle du Soleil pour une dimension de l'ordre de celle de la Terre. A l'intérieur d'une naine blanche les électrons sont arrachés aux atomes par la force de gravitation et circulent librement; leur mouvement crée une pression interne qui empêche l'effondrement gravitationnel. Il a été observé de telles étoiles.

Neutrino. Particule électriquement neutre participant seulement aux interactions faible et de gravitation; il en existe au moins deux sortes : les neutrinos électroniques et les neutrinos muoniques, mais il se peut qu'il en existe une troisième associée au tauon et beaucoup d'autres encore. Les neutrinos sont à la fois des *leptons* et des *fermions.*

Neutron. Particule de charge électrique nulle et de masse environ 1838 fois plus massive que l'électron. C'est un fermion et un baryon qui participent aux interactions forte, faible et gravitationnelle.

Nombre baryonique. Le nombre baryonique d'un système est la somme du nombre total de baryons moins le nombre d'anti-baryons.

Nucleon. Composant du noyau atomique, c'est-à-dire proton ou neutron.

Paradoxe d'Olbers. La question : « Pourquoi le ciel nocturne est-il obscur si l'univers est infini ? »

Paroi. Configuration d'énergie en feuillet susceptible d'avoir été engen-

La main gauche de la création

drée dans les tous premiers instants de l'univers selon certaines théories de jauge; une paroi aurait une épaisseur de l'ordre de 10^{-27} centimètre. Les observations sont défavorables à l'existence d'une paroi s'étirant à travers la totalité de l'univers observable.

Parsec. 1pc = 3,26 années de lumière.

Particule virtuelle. Composante des *fluctuations du vide* qui ne peut pas être observée directement.

Particule relativiste. Particule dont la vitesse est égale ou proche de la vitesse de la lumière, 3×10^8 m/s.

Photino. Fermion hypothétique prédit par les théories supersymétriques; sa masse est non nulle, mais pas encore déterminée précisément.

Photon. Particule associée à la lumière; c'est un boson de masse nulle, médiateur des interactions électromagnétiques entre particules chargées électriquement.

Pion. Aussi appelé méson pi, c'est un hadron qui peut être de charge électrique positive, négative ou nulle.

Polarisation du vide. Quand les *fluctuations du vide* se produisent autour d'une particule chargée, les membres des paires engendrées de charge électrique opposée à cette particule ont tendance à être attirés vers celle-ci; cette migration est appelée polarisation du vide.

Positon ou *positron.* Antiparticule de l'électron, qui possède une charge électrique positive.

Principe anthropique. Idée que l'univers possède la plupart de ses propriétés particulières parce qu'elles sont nécessaires à l'existence de la vie et des observateurs.

Principe d'exclusion de Pauli. Principe interdisant à deux particules de même type de se trouver exactement dans le même état quantique, c'est-à-dire avec un ensemble de nombres quantiques caractéristiques identiques. Ce principe est suivi par les *fermions,* mais non par les *bosons*.

Principe d'incertitude. Énoncé par Werner Heisenberg, il montre qu'il est impossible de mesurer précisément à la fois la quantité de mouvement et la position d'une particule au même instant. De même, si un système n'existe que pendant un intervalle de temps fini, il y a une limite (donnée par la *constante de Planck*) à la précision avec laquelle son énergie peut être mesurée, même avec des instruments parfaits.

Protogalaxie. État précurseur d'une galaxie en formation, quand celle-ci est encore sous forme prédominante gazeuse et en train de suivre une évolution dynamique et chimique. La phase protogalactique dure environ un milliard d'années.

Proton. Particule de charge positive, composant du noyau atomique,

Glossaire

possédant une masse 1836 fois celle de l'électron. C'est un fermion et un boson, qui participe aux interactions forte, faible, électromagnétique et gravitationnelle. Les protons sont composés de trois quarks et ne sont donc pas des particules élémentaires.

Quarks. Particules élémentaires composants les hadrons; ils ont une charge 1/3 ou 2/3 de l'électron et possèdent les propriétés de *couleur* et de *liberté asymptotique.*

Quasars. Classe d'objets astronomiques qui ressemblent aux étoiles, mais dont l'énergie émise est plusieurs milliards de fois plus grande. Ils présentent un décalage vers le rouge élevé (d'environ 3,5) et sont les objets les plus lumineux de l'univers.

Rapport baryon/photon. Valeur moyenne du nombre de baryons sur le nombre de photons dans l'univers; aujourd'hui ce rapport est proche de 1 pour 10^9.

Rasoir d'Occam. Principe guidant l'élaboration d'une théorie scientifique suivant lequel il faut préférer les explications qui requièrent un nombre minimum d'hypothèses.

Rayons gamma. Photons de très haute énergie (ou de très courte longueur d'onde), la forme la plus pénétrante de rayonnement électromagnétique.

Rayons X. Rayonnement de longueur d'onde comprise entre 10^{-9} et 10^{-7} centimètre, le plus pénétrant après les rayons gamma.

Recombinaison. Capture d'un électron par un ion positif pour former un atome neutre. Ce phénomène a touché l'ensemble de la matière primitive lorsque l'univers s'est refroidi à la température de 3 000 kelvins, après environ un tiers de million d'années d'expansion; au-delà de cette période, le rayonnement cosmologique n'interagit pratiquement plus avec la matière.

Région piège. Région de l'espace et du temps dont les rayons lumineux sont incapables de s'échapper, retenus par l'influence que la gravitation exerce sur eux.

Rishons. Constituants hypothétiques des quarks et des leptons divisés en deux types: le rishon T de charge électrique 1/3 et le rishon V de charge nulle. Les antirishons ont des charges égales et opposées. Tous les quarks et les leptons peuvent être reconstruits à partir de combinaisons de ses particules.

Singularité. Partie des frontières de l'univers définie par un lieu de l'espace-temps où un rayon lumineux interrompt brutalement son trajet et cesse d'exister. Les lois physiques cessent d'être valables en une singularité; la densité et la température y deviennent éventuellement infinies, comme au « big bang ».

Singularité des coordonnées. Endroit où les lignes de coordonnées d'un système de repérage cartographique dégénèrent et entrent en intersection ; par exemple, les pôles Nord et Sud du globe terrestre dans le cas des lignes de latitude et de longitude.

Singularité nue. Point de *singularité* où les lois de la physique cessent d'être valables, qui n'est pas caché aux observateurs éloignés par un *horizon des événements*.

Sleptons. Particules élémentaires prédites par les théories de jauge supersymétriques. Ce sont des bosons qui correspondent chacun à un lepton particulier.

Spin. Propriété intrinsèque fondamentale des particules élémentaires qui décrit leur état de rotation. Le spin ne peut prendre que des valeurs entières ou demi-entières de l'unité définie par la *constante de Planck h* divisée par 2π. Les particules de spin entier sont appelées des bosons, les particules de spin demi-entier, des fermions.

Squarks. Particules élémentaires hypothétiques prédites par les théories de jauge supersymétriques ; ce sont des bosons partenaires des quarks.

Super-amas. Amas d'amas de galaxies, de l'ordre de 10^8 années de lumière d'extension.

Supernova. Explosion catastrophique d'une étoile, dans laquelle les parties externes de l'astre sont éjectées et le noyau interne comprimé ; une supernova libère plus d'énergie en quelques jours que le Soleil n'en rayonne en un milliard d'années.

Sypersymétrie. Propriété exigée par certaines théories de jauge unifiées qui créent une symétrie entre les *fermions* et les *bosons*. Si cette propriété est une symétrie de jauge locale, elle peut intégrer les propriétés de l'interaction gravitationnelle et la théorie qui en résulte est appelée supergravité. Ces théories sont actuellement l'objet d'investigations approfondies de la part des théoriciens.

Temps de Planck. Temps de 10^{-43} seconde, moment ou la théorie de la relativité générale d'Einstein doit être améliorée pour inclure la théorie quantique ; il peut s'exprimer par la relation $(G.h/c^5)^{1/2}$ ou G est la constante de Newton, h la constante de Planck, c la vitesse de la lumière.

Temps propre. Temps mesuré par une horloge partageant le mouvement de l'observateur ; le temps de l'observateur mesuré par une horloge en mouvement par rapport à celui-ci s'écoule à un rythme différent de son temps propre.

Théorèmes de la singularité. Ensemble d'arguments mathématiques qui démontrent que l'univers possède une *singularité* dans le passé si un certain nombre de conditions sur sa structure sont vérifiées.

Théorie quantique ou *mécanique quantique.* Théorie physique fondamen-

Glossaire

tale développée dans les années 1920 pour remplacer la mécanique classique. Dans cette théorie, tout objet manifeste à la fois des propriétés ondulatoire et corpusculaire; à toute onde est associée une particule, appelée son quantum.

Théories de jauge. Classe de théories des interactions forte, faible, électromagnétique et gravitationnelle couronnée de succès dans les dernières années et faisant encore l'objet d'investigations approfondies. L'exigence fondamentale dont procèdent ces théories est d'être invariante par certaines transformations de symétrie, dont les effets varient d'un point à l'autre de l'espace et du temps.

Topologie. Étude des propriétés intrinsèques des formes, des surfaces et des espaces, avec les configurations possibles qu'ils peuvent prendre.

Transition de phase. Transition discontinue d'un état d'équilibre vers un autre, généralement accompagnée d'une variation de la symétrie; par exemple, le gel, la fusion, l'ébullition, dans le cas de l'eau. Les états des particules élémentaires peuvent aussi connaître des transitions analogues accompagnées de changement de symétrie et d'énergie.

Trou blanc. Inverse d'un *trou noir,* duquel de la matière apparaît continuellement à la vitesse de la lumière. Un tel phénomène serait équivalent à une version locale du « big bang », mais il n'y a aucune évidence de son existence.

Trou noir. Corps qui s'est effondré sur lui-même sous l'effet de la gravitation et dont rien ne peut s'échapper, même la lumière; un observateur extérieur ne peut mesurer que trois propriétés seulement du trou noir : sa masse, sa charge électrique et son moment angulaire.

Univers de De Sitter. Modèle d'univers en expansion vide de matière dans lequel la constante cosmologique agit comme une force répulsive à longue portée qui cause la récession des parties éloignées de l'univers à une vitesse bien plus élevée que dans le modèle de Friedman. L'univers n'est pas décrit par ce modèle aujourd'hui, mais il a pu l'être pendant une courte période d'inflation, 10^{-35} seconde après le « big bang ».

Univers fermé. Modèle supposant un volume et un âge fini pour l'univers; il évolue depuis le « big bang » jusqu'à un point d'expansion maximum avant de se contracter à nouveau en un « big crunch » de densité et de température énormes.

Univers Mixeur. Modèle d'univers extrêmement anisotrope des premiers moments de l'expansion de l'univers. Dans ce modèle, l'univers se dilate avec des vitesses différentes dans deux directions perpendiculaires, tandis qu'il se contracte dans la troisième; le volume s'accroît, mais les directions d'expansion et de contraction sont ensuite permutées et subissent de nombreuses alternances au cours de l'expansion.

Univers ouvert. Modèle d'univers dans lequel celui-ci continue indéfiniment son expansion dans le futur, ainsi appelé parce que sa géométrie est celle d'un espace de courbure négative.

Univers plat. Modèle d'univers possédant la plus grande valeur possible de la densité (la *densité critique*) compatible avec une poursuite indéfinie de l'expansion, ainsi appelé parce qu'à tout instant la géométrie de l'espace y est euclidienne, la courbure de l'espace étant nulle.

Univers stationnaire. Théorie cosmologique proposée par Hermann Bondi, Thomas Gold et Fred Hoyle, dans laquelle la matière est en création continuelle pour compenser le vide créé par l'expansion de l'univers. En conséquence, l'univers n'a ni début ni fin et conserve toujours la même densité. Le taux de création requis est d'un atome pour chaque mètre cube de l'espace par période de dix milliards d'années. Cette théorie, aujourd'hui en contradiction avec les observations, a été abandonnée par les cosmologues.

Viscosité. Frottement interne dans un fluide ou un autre milieu, qui tend à réduire et dissiper son mouvement et toute irrégularité interne.

Viscosité des neutrinos. Phénomène susceptible d'avoir eu lieu quand l'univers était âgé d'environ une seconde, pendant lequel les anisotropies de l'expansion cosmique et les petits écarts à l'uniformité ont été atténués et effacés par le mouvement des neutrinos sur de grandes distances.

Vitesse d'évasion. Vitesse minimum nécessairement atteinte pour échapper complètement à l'attraction gravitationnelle d'un corps; elle dépend de la masse et du rayon de celui-ci.

« *Whimper* ». *Singularité* de l'espace-temps accompagné de conditions physiques modérées, de température et de densité finies.

Wino. Fermion hypothétique, partenaire supersymétrique du *boson W*.

Zino. Fermion hypothétique, partenaire supersymétrique du *boson Z*.

BIBLIOGRAPHIE

Ouvrages de vulgarisation

Audouze J. : *Aujourd'hui l'univers*, (Belfond, 1981).
Davies P. : *The edge of infinity*, (Londres, J. M. Dent & Sons, 1981).
The forces of nature, (New York, Cambridge University Press, 1979).
Feinberg G. : *What is the world made of ?*, (New York, Doubleday/Anchor Press, 1977).
Heidmann J. : *Au-delà de notre Voie lactée, un étrange univers*, (Hachette, 1979).
Islam J. : *Le destin ultime de l'univers*, (Belfond, 1984).
Kaufmann W. : *The cosmic frontiers of general relativity*, (Boston, Little Brown & Co, 1977).
Novikov I. : *The expanding univers*, (New York, Cambridge University Press, 1983).
Pagels H. : *The cosmic code*, (New York, Simon & Schuster, 1982).
Reeves H. : *Patience dans l'azur*, (Le Seuil, 1981).
Rowan-Robinson M. : *Cosmic landscape*, (New York, Oxford University Press, 1979).
Sciama D.W. : *The physical foundations of general relativity*, (Londres, William Heinemann, 1969).
Schatzman E. : *La structure de l'univers*, (Hachette, 1979).
Silk J. : *Le big bang*, (Flammarion, 1984).
Weinberg S. : *Les trois premières minutes de l'univers*, (Le Seuil, 1979).

La main gauche de la création

Ouvrages plus avancés

Bath G. : *The state of the universe*, (New York, Oxford University Press, 1980).
Harrison E. : *Cosmology*, (New York, Cambridge University Press, 1981).
Polkinghorne J.C. : *The particule play*, (San Francisco, W.H. Freeman & Co, 1979).
Rowan-Robinson M. : *Cosmology*, (New York, Oxford University Press, 1980).
Sciama D.W. : *Modern cosmology*, (New York, Cambridge University Press, 1971).
Sexl R. & H. : *White dwarfs, black holes*, (New York, Academic Press, 1979).
Shu F. : *The physical universe*, (Mill Valley, Calif., University Science Books, 1982).
Wald R. : *Space, time and Gravity*, (Chicago, University of Chicago Press, 1977).

Ouvrages techniques

Aitchinson I. et Hey A. : *Gauge theory in particle physics*, (Bristol, England, Adam Hilger, 1982).
Hawkings S.W. & Ellis G.F.R. : *The large scale structure of space-time*, (New York, Cambridge University Press, 1973).
Lopes J.L. : *Gauge field theories*, (Elmsford, New York, Pergamon Press, 1981).
Misner C., Thorne K. & Wheeler J. : *Gravitation*, (San Francisco, W.H. Freeman & Co, 1973).
Peebles P.J.E. : *The large scale structure of the universe*, (Princeton, Princeton University Press, 1980).
Physical cosmology, (Princeton, Princeton University Press, 1971).
Raine D. : *The isotropic universe*, (Bristol, Adam Hilger, 1981).
Weinberg S. : *Gravitation and cosmology*, (New York, John Wiley & Sons, 1972).
Zeldovich Y.B. & Novikov I. : *The structure of the universe*, (Chicago, University of Chicago Press, 1983).

Table des matières

Prologue 7
Remerciements 9
1 Le cosmos 11
2 Les origines 38
3 La création 79
4 L'évolution 108
5 Du chaos au cosmos 158
6 Conclusions et énigmes 208
Glossaire 233
Bibliographie 245

*Achevé d'imprimer en janvier 1985
sur presse CAMERON
dans les ateliers de la SEPC
à Saint-Amand (Cher)*

N° d'impression : 187.
Dépôt légal : janvier 1985.
Imprimé en France.